周　期　表 (長周期型)

10 (8)	11 (1 B)	12 (2 B)	13 (3 B)	14 (4 B)	15 (5 B)	16 (6 B)	17 (7 B)	18 (0)
								$_2$He ヘリウム
			$_5$B ホウ素	$_6$C 炭素	$_7$N 窒素	$_8$O 酸素	$_9$F フッ素	$_{10}$Ne ネオン
			$_{13}$Al アルミニウム	$_{14}$Si ケイ素	$_{15}$P リン	$_{16}$S 硫黄	$_{17}$Cl 塩素	$_{18}$Ar アルゴン
$_{28}$Ni ニッケル	$_{29}$Cu 銅	$_{30}$Zn 亜鉛	$_{31}$Ga ガリウム	$_{32}$Ge ゲルマニウム	$_{33}$As ヒ素	$_{34}$Se セレン	$_{35}$Br 臭素	$_{36}$Kr クリプトン
$_{46}$Pd パラジウム	$_{47}$Ag 銀	$_{48}$Cd カドミウム	$_{49}$In インジウム	$_{50}$Sn スズ	$_{51}$Sb アンチモン	$_{52}$Te テルル	$_{53}$I ヨウ素	$_{54}$Xe キセノン
$_{78}$Pt 白金	$_{79}$Au 金	$_{80}$Hg 水銀	$_{81}$Tl タリウム	$_{82}$Pb 鉛	$_{83}$Bi ビスマス	$_{84}$Po ポロニウム	$_{85}$At アスタチン	$_{86}$Rn ラドン

$_{65}$Tb テルビウム	$_{66}$Dy ジスプロシウム	$_{67}$Ho ホルミウム	$_{68}$Er エルビウム	$_{69}$Tm ツリウム	$_{70}$Yb イッテルビウム	$_{71}$Lu ルテチウム

$_{97}$Bk バークリウム	$_{98}$Cf カルホルニウム	$_{99}$Es アインスタイニウム	$_{100}$Fm フェルミウム	$_{101}$Md メンデレビウム	$_{102}$No ノーベリウム	$_{103}$Lr ローレンシウム

基本化学シリーズ
13

物質科学入門

芥川允元
伊藤　孝
我謝孟俊
滝沢靖臣
角替敏昭
長谷川正
山本　宏
●著

朝倉書店

第 13 巻執筆者

千葉大学名誉教授　山　田　和　俊*

熊本大学教育学部教授　芥　川　允　元
茨城大学教育学部助教授　伊　藤　　　孝
茨城大学教育学部教授　我　謝　孟　俊
東京学芸大学教育学部教授　滝　沢　靖　臣
鳥取大学教育学部講師　角　替　敏　昭
東京学芸大学教育学部教授　長　谷　川　　正
茨城大学教育学部教授　山　本　　　宏

(*：シリーズ代表)

『基本化学シリーズ』刊行に当たって

　学部教育の"大綱化"を受け，戦後の50年にわたる高等教育の総括が，各大学で進められている．とくに初年度における専門教育へのソフトランディングをはかるための，いわゆる専門基礎教育が重要視されており，教育改革の成否を分ける天王山とすらいわれている．広範な論議を避けては通れないきわめて重要な問題であり，講義担当者間のみでの独善的な結論であってはならず，必ず全課程にかかわる多くの教官の参加を得た4年一貫教育体系内に完全に容認されたものでなければならないと考えられている．

　このような論議を重ねることによりわれわれは学問のすべてに答えるといった"啓蒙"型のものでなく，学生の立場にともに立ち，いろいろの専門教育への"予告編"となり，さらに学生おのおのがさまざまな答を導き出すバックグラウンドの実用的な情報を提供する"テキスト"こそ必要不可欠のものであるとの基本信念をもつようになった．そこで理工系（理・工・薬・農学部）化学関係学科に焦点を絞り，各専門教育につなげる専門基礎化学のテキストとして編むことにした．教育経験が豊富で，また第一線の研究者として活躍しておられる先生がたに各巻を担当していただくことにし，より高度な問題をより平易に解説するよう，さらなる合議を重ねここに刊行するに至った．

　本シリーズは，基礎を初めて学ぶ人のためのテキストであるから，本書で触れていない（各個の専門的）事柄については，すべて各冊に例示した文献にその詳細な記述を譲ってある．これから専門という荒波に船出する学生にとって，本シリーズが小さな指針の役を果たすならば，われわれにとってこれにまさる喜びはない．学生諸子の今後の健闘を切に祈る．

　本シリーズの刊行実現に際し多大の時間を費やしてくれた朝倉書店諸氏に感謝の意を表する．

　1995年春

代表　山田和俊

まえがき

「東海村の原子力施設で事故が起きた．今までのものとは違い，深刻なものである．」1999年9月30日夕刻の報道に，日本人の多くはどんな事態になるのか不安を抱き，チェルノブイリ原子力発電所の事故を思い起こしたであろう．この事故で核分裂したウランは1mg以下と少なく，核分裂物質の屋外への飛散もほとんどなかった点が，チェルノブイリ事故とは違っていた．科学技術が現代の生活にいかに深く関わっているかを，プラス面だけでなく誤作動したときの多大なマイナス面から，思い知らされた事故であった．

細分化され高度に発展した科学技術のすべての知識を，我々が身に付けることは明らかに不可能である．しかし，いくつもの情報を集め，それらの質を判断し，自分なりの情報の組み立てにより，自己の意志決定ができることを目指すべきであろう．科学に関する問題で，我々が意志決定をせまられる場面は今後多くなると予想される．

本書は，必ずしも化学を専門としない学生または高校で化学を履修しなかった学生のために，化学だけでなく地学においても取り扱われる物質も含む化学一般の教科書である．

第1編「小さな原子や分子から成り立つ物質」は4章から構成されている．1章では小さな原子をどのように考えるのか，2章では最も身近な"燃える"という反応から物質の変化を，3章では水への溶解や水溶液の性質について，4章では身近な物質をまとめた．

第2編「有限な世界"地球"の物質」では，人間を含む生物が生き続ける地球の物質を4章で構成している．5章では地球の元素や地球の誕生について，6章で地球上の物質を，7章では物質が地球をめぐっていることを，8章では物質の循環から地球環境をまとめてある．

反応式や物質の羅列でなく，知識的には最小とし，自分で準備できる実験も配した．前半の物質の学習は，後半の自分たちの生きる場の物質の学習へと続く．今後に出会うであろう物質に関する問題を考える，はじめの拠り所に本書が使われれば幸いである．

なお，本書の「基本化学シリーズ」への参画を認めていただいた千葉大学名誉教授山田和俊先生に心より感謝の意を表したい．また，各章がばらばらでまとまらない状況にも根気よく対応してくれた朝倉書店編集部の諸氏に感謝申し上げたい．

2000年1月

著　　者

目　　次

第1編　小さな原子や分子から成り立つ物質

1. 物質の構成 ……………………………………………〔滝沢靖臣〕…2
   - 1.1　多種多様な物質 …………………………………………………2
   - 1.2　純物質と混合物 …………………………………………………2
   - 1.3　元　　素 …………………………………………………………3
     - 1.3.1　元素の種類と周期律 ………………………………………4
     - 1.3.2　周期表の種類 ………………………………………………5
     - 1.3.3　元素の分類 …………………………………………………6
   - 1.4　原　　子 …………………………………………………………7
   - 1.5　分　　子 …………………………………………………………9
   - 1.6　イ オ ン …………………………………………………………9
   - 1.7　原子量と分子量 …………………………………………………10
   - 1.8　アボガドロ定数とモルの概念 …………………………………11
   - 1.9　分子と化学式 ……………………………………………………13

2. 物質の変化 ……………………………………………〔芥川允元〕…15
   - 2.1　化学反応 …………………………………………………………15
     - 2.1.1　空　気 ………………………………………………………15
     - 2.1.2　実験の計画と準備 …………………………………………16
     - 2.1.3　空気と二酸化炭素や水素の重さを比べる ………………17
     - 2.1.4　二酸化炭素の噴水 …………………………………………19
   - 2.2　平衡反応 …………………………………………………………20
   - 2.3　燃　　焼 …………………………………………………………21
     - 2.3.1　熱化学方程式 ………………………………………………21
     - 2.3.2　燃焼熱 ………………………………………………………21
     - 2.3.3　メタンの生成熱 ……………………………………………22
     - 2.3.4　結合エネルギー ……………………………………………22

2.3.5 メタンの燃焼熱を結合エネルギーから求める ……………………23
2.3.6 ろうそくなどの燃焼 ……………………………………………24
2.3.7 木灰の触媒作用 …………………………………………………25
2.3.8 引火と爆発 ………………………………………………………26
2.4 酸化還元反応 …………………………………………………………27

3. 水溶液とイオン ……………………………………〔我謝孟俊〕…31
3.1 溶 液 …………………………………………………………………31
3.1.1 溶解・溶液 ………………………………………………………31
3.1.2 水に溶けるもの溶けないもの（溶解性） ……………………32
3.1.3 溶解のしくみ ……………………………………………………32
3.1.4 電解質と非電解質 ………………………………………………33
3.1.5 溶解度 ……………………………………………………………34
3.1.6 濃度の表し方 ……………………………………………………34
3.2 酸 と 塩 基 ……………………………………………………………36
3.2.1 酸と塩基 …………………………………………………………36
3.2.2 電離平衡と電離定数 ……………………………………………38
3.2.3 水もわずかに電離している ……………………………………38
3.2.4 水素イオン濃度とpH ……………………………………………39
3.2.5 中和反応と塩の生成 ……………………………………………41
3.2.6 中和反応の量的関係 ……………………………………………42
3.3 金属のイオン化傾向と電池 …………………………………………43
3.3.1 金属のイオン化傾向 ……………………………………………43
3.3.2 金属のイオン化列と反応性 ……………………………………44
3.3.3 電池のしくみ ……………………………………………………45
3.3.4 一次電池と二次電池 ……………………………………………46

4. 身の回りの物質 ……………………………………〔長谷川 正〕…49
4.1 ガ ラ ス …………………………………………………………………49
4.1.1 ガラスの状態 ……………………………………………………49
4.1.2 ガラスの製法 ……………………………………………………51
4.1.3 ガラスの性質 ……………………………………………………51
4.1.4 ファインセラミックス …………………………………………52
4.2 合成高分子化合物 ……………………………………………………53
4.2.1 プラスチック ……………………………………………………53

4.2.2　高分子化合物の合成 ··· 57
　4.3　金　　　属 ··· 61
　　　4.3.1　金属の色 ·· 61
　　　4.3.2　電池とさび ··· 62
　　　4.3.3　金属の製錬 ··· 63

　　　　　　　　第2編　有限な世界「地球」の物質

5．化学進化―地球の起源からみる― ······························ 〔山本　宏〕··· 66
　5.1　地球はどのように生まれたか ··· 66
　　　5.1.1　宇宙に存在する元素 ·· 66
　　　5.1.2　太陽系の生成 ··· 66
　　　5.1.3　原子核反応と元素の変化 ·· 68
　　　5.1.4　星での核融合反応 ··· 69
　　　5.1.5　地球の生成と大気成分 ·· 71
　5.2　化 学 進 化 ··· 72
　　　5.2.1　原始大気成分から低分子化合物の生成 ·························· 72
　　　5.2.2　高分子化合物の生成 ··· 74

6．地球を構成する物質 ·· 〔角替敏昭〕··· 77
　6.1　鉱　　　物 ··· 77
　　　6.1.1　ケイ酸塩の化学 ·· 77
　　　6.1.2　鉱物の形状と結晶系 ··· 79
　　　6.1.3　固溶体 ··· 80
　　　6.1.4　多　　形 ·· 81
　6.2　地球の内部構造 ·· 81
　　　6.2.1　地震波による地球内部の探査 ···································· 82
　　　6.2.2　地球の層状構造 ·· 82
　6.3　地殻を構成する物質 ··· 84
　　　6.3.1　堆積岩 ··· 84
　　　6.3.2　火成岩 ··· 86
　　　6.3.3　変成岩 ··· 87
　6.4　マントル・核を構成する物質 ·· 89
　　　6.4.1　マントル ·· 89
　　　6.4.2　核 ·· 90
　6.5　岩石の空間的・時間的分布 ··· 90

- 6.5.1 岩石の空間分布 …………………………………………………90
- 6.5.2 世界最古の岩石 …………………………………………………91
- 6.5.3 日本最古の岩石 …………………………………………………92

7. 地球をめぐる物質 ……………………………………〔伊藤　孝〕…93
- 7.1 循環する物質 ……………………………………………………93
  - 7.1.1 大　気 ……………………………………………………93
  - 7.1.2 水 …………………………………………………………96
  - 7.1.3 生元素 ……………………………………………………98
- 7.2 物質の循環と地球の成り立ち …………………………………101
  - 7.2.1 火山の噴火と気候変動の関連性（数年レベルの物質循環）………101
  - 7.2.2 海洋の大循環と物質の濃集（数千年〜数億年レベルの物質循環）…103
  - 7.2.3 地球における環境の安定性（数億年レベルの物質循環）…………105

8. 物質と地球環境………………………………………〔山本　宏〕…109
- 8.1 地球環境の悪化 …………………………………………………109
  - 8.1.1 特定地域での環境汚染 …………………………………109
  - 8.1.2 食料と人口と農薬 ………………………………………110
  - 8.1.3 地球規模での環境問題―大気汚染― ……………………110
  - 8.1.4 広く利用された塩素化合物 ……………………………113
  - 8.1.5 環境物質の濃度 …………………………………………114
- 8.2 物質循環のシステム ……………………………………………115
  - 8.2.1 生産者と消費者と分解者 ………………………………115
  - 8.2.2 物質循環の視点 …………………………………………116
- 8.3 物質循環速度のコントロール …………………………………117
  - 8.3.1 バイオマス ………………………………………………117
  - 8.3.2 光合成（植物の究極の働き）……………………………117

ガ ラ ス 細 工 ……………………………………………〔長谷川　正〕…119

参 考 文 献 ……………………………………………………………123
問 題 略 解 ……………………………………………………………125
索　　　引 ……………………………………………………………135

第1編　小さな原子や分子から成り立つ物質

　1円硬貨をカッターで半分に切断することを72回繰り返すことを考えてみよう．アルミニウム1gが2分の1，4分の1，8分の1，16分の1，そして5回目の切断で32分の1となる．このサイズまでなら何とか実験台上でできる．さらに半分に切ることを顕微鏡のもと精巧な工具で続ける．細胞中の染色体を取り出したりするバイオテクノロジー実験の大きさを過ぎ，さらに小さくなると電子顕微鏡で見ながら続ける．このサイズでの工作機器はないが，半分に切断することを延々と続けられたと考えよう．そして72回目，もはや電子顕微鏡でも見えないサイズで，アルミニウムの原子1個となるはずである．

　原子や分子はこのように途方もなく小さい粒子だが，それらを記号で表し，それらの変化や性質を考える．他方，小さい原子や分子でもたくさんの数をひとまとめにして取り扱うと，天秤ではかったり手に乗せたりする日常の大きさになる．原子や分子をひとまとめにした単位がモルである．アルミニウム1モルは27gである．

　◎小さな原子や分子の考え方，見方，書き方を1章で，
　◎最も身近な反応の燃焼から物質の変化を2章で，
　◎身の回りにいちばん多く存在する物質，水の性質から広がる分野を3章で，
　◎身の回りですぐに目に入る，プラスチック，金属，ガラスを4章で，
原子，分子やイオンの小さな粒子から成り立つ物質として学ぶ．

1
物 質 の 構 成

 私たちの身の回りには，さまざまな物質があふれている．私たち生物も物質から成り立っているのであるから，物質を知ることは私たちの生活にとってたいせつなことである．では，物質はどのようなものから成り立っているのであろうか．本章では物質を構成している基本的な成立ちについて原子，分子の立場から見てみることにしよう．

1.1 多種多様な物質

 物質を分類するときにいろいろな面から分類することが便利に用いられている．たとえば，鉱物，植物，動物と分けたり，金属と非金属，無機物と有機物などである．しかし，これらの分類法では自然界にあるあらゆる物質を整然と無理なく分類することは困難である．それは物質があまりにも多種多様であるからである．現在知られている化学物質は 800 万種以上にもなっている．このように数多くある自然界の物質をより正しく理解するためには元素，原子，イオン，分子といったよりミクロの世界に立ち入って，物質の構造を考えてみる必要がある．このような考え方を理解してはじめて身近にある物質をより深く理解できるものと思われる．

1.2 純物質と混合物

― 実験 1. 混合物から物質を単離してみよう ―――――
1. 食塩水から食塩と水を得る．
2. 砂糖水から砂糖と水を得る．

3. 牛乳からタンパク質と水を得る．
4. 緑茶から色素と水を得る．
5. 米と食塩の混合物から米と食塩を得る．
　〔ヒント〕沪過，蒸留，吸着，ふるい分け，クロマトグラフィーなどの手段を利用してみること．

　われわれの身の回りにある物質の多くは，いろいろなものが混じってできている．それらの混合物（mixture）を分離して純物質（pure substance）を得る方法には沪過，蒸留，昇華，分別再結晶，透析，各種クロマトグラフィー法などがある．純物質はそれぞれ固有の物理的，化学的な性質をもつので他の物質と区別することができる．一般的な物理的性質としては，融点（melting point），沸点（boiling point），密度，屈折率，色，吸収スペクトル，溶媒に対する溶解度などがあり，また化学的性質としてはその物質を特徴づける化学反応性がある．

　2つの物質が同一物質であるということは，それらの性質が全く同じであり，違う物質であればそれらの性質がすべて同じになることはない．また，均一に混じっている混合物を溶体といい，溶体が液体のときは溶液（solution），固体のときは固溶体（solid solution）という．

　さらに物質は次のように分類することができる．

物質─┬─純物質─┬─単　体：1種類の元素からできているもの
　　 │　　　　└─化合物：2種類以上の元素からできているもの
　　 └─混合物：純物質がいろいろな割合で混ざりあったもので2種類以上の成分からなるもの

　混合物（mixture）はさらに，均一混合物と不均一混合物に分けることができる．不均一な物質とは物質の性質が部分によって異なるもので，沪過などの選別によっていくつかの均一な物質に分けられる．たとえば，砂，泥水，岩石などである．均一な物質とは物質のどの部分でも一様なものであり，たとえば，食塩水，空気などである．

1.3　元　　素

　原子（atom）は物質を分けていったとき，これ以上分割できない最小の粒子を指す．一方，元素（element）は複雑な物質を化学的に分析していくとき，もはや2種以上に分解しえなくなったものを指す．このように，原子は物質の粒子性に着目した定義であり元素は物質の性質に着目した定義である．

　すなわち，原子は陽子（proton），中性子（neutron），電子（electron）からなる

粒子で，元素は原子を陽子数に着目して分類して生じる原子の化学的な種類であると表現される．

1.3.1 元素の種類と周期律

現在までに発見されている元素の種類は 111 種であり，そのうちの 20 種は原子核の変換によって人工的につくられた元素である．1869 年ロシアのメンデレーエフ (Mendeleev) は 63 種の元素を原子量の順に並べると，元素の性質が周期的に変化し，また性質の似た元素が周期的に現れることを見いだした．これを元素の周期律といい，さらにこの周期律に従って元素を配列した表を元素の周期表（periodic table）という．メンデレーエフが 1871 年に発表した周期表には，当時まだ発見されていなかった不活性気体の属する元素と，やはり未発見のスカンジウム，ガリウム，ゲルマニウムなどは空欄となっていた．メンデレーエフはこれらの元素の性質を予言し，それが的中したことでおおいにその評価を得たのである．

表1.1 メンデレーエフの提案した周期表*

周期	1族	2族	3族	4族	5族	6族	7族	8族
1	H 1							
2	Li 7	Be 9.4	B 11	C 12	N 14	O 16	F 19	
3	Na 23	Mg 24	Al 27.3	Si 28	P 31	S 32	Cl 35.5	
4	K 39	Ca 40	① 44	Ti 48	V 51	Cr 52	Mn 55	{Fe 56, Co 59, Ni 59, Cu 63}
5	(Cu 63)	Zn 65	② 68	③ 72	As 75	Se 78	Br 80	
6	Rb 85	Sr 87	(Yt 88)	Zr 90	Nb 94	Mo 96	④ 100	{Ru 104, Rh 104 Pd 106, Ag 108}
7	(Ag 108)	Cd 112	In 113	Sn 118	Sb 122	Te 125?	I 127	
8	Cs 133	Ba 137	Di 138?	Ce 140?	-	-	-	-
9	-	-	-	-	-	-	-	
10	-	-	Er 178?	La 180?	Ta 182	W 184		{Os 195?, Ir 197 Pt 198, Au 199}
11	(Au 199)	Hg 200	Tl 204	Pb 207	Bi 208			
12	-	-		Th 231		U 240		

* 1871 年に発表したもので数値は原子量で，①,②,③,④に記されている数値は，メンデレーエフの未知の元素に対する予想原子量である．

たとえば，表中の②,③の位置の元素にメンデレーエフは，それぞれエカアルミニウム，エカケイ素と仮名をつけ，それらの性質を予言したが，前者は 1875 年に発見されたガリウム，後者は 1886 年に発見されたゲルマニウムの性質とよく一致した．

その後，未発見の元素が次々と発見され，さらに原子の構造が明らかになり，元素の性質の周期性を決定するのは原子量（atomic weight）ではなく，原子の核外電子

表1.2　メンデレーエフが予言した元素と性質

	エカケイ素	ゲルマニウム
原子量	約72	72.6
比重	約5.5	5.323
性質	灰色で融解しがたい	灰色で赤熱すると昇華する
塩化物	$EsCl_4$，沸点90℃，比重1.9	$GeCl_4$，沸点84℃，比重1.8
酸化物	EsO_2，比重4.7	GeO_2，比重4.7

の数（原子番号と同じ）であることが明らかになったので，現在では，元素を原子番号（atomic number）の順に配列した周期表となっている．周期表の縦の列を族，横の列を周期という．同じ族には化学的に同じ性質のものが集まっていることになる．

```
┌─ 元素名の由来 ─────────────────────────┐
│  H    ギリシャ語の hydro-gennan    水をつくるもの │
│  He   ギリシャ語の helios    太陽            │
│  C    ラテン語の carbo    炭                │
│  O    ギリシャ語の oxys-gennao    酸をつくる  │
│  Ne   ギリシャ語の neos    新しい           │
│  P    ギリシャ語の phosphoros    光るもの    │
│  Cl   ギリシャ語の chloros    緑黄色         │
│  Br   ギリシャ語の bromos    臭い           │
│  I    ギリシャ語の ioeides    すみれ色       │
│  Ar   ギリシャ語の argon    怠けもの         │
└──────────────────────────────────────┘
```

1.3.2　周期表の種類

現在用いられている周期表にはいろいろな形のものがあるが，その基本は長周期型と短周期型の2つである．元素の性質の周期性は原子構造の周期性に基づくものであり，原子の電子配置（electron configulation）には閉殻の形成に対応して，2，8，18，32に対する周期がある．したがって，1つの周期表の中に，これら長・短の周期をどのようにおさめるかについて，いろいろ工夫が生じたのである．周期表の形を整えるために，8の周期を基準としたのが短周期型，18を基準としたのが長周期型である．現在は長周期型が一般に用いられている．周期表の横の列を周期，縦の列を族といい，現在の周期表では第1～第7周期の7つの周期と，1～18族の18の族がある．

　また，周期表を三次元的に表したものを立体周期表といい，元素の存在量などを周期表上に同時に表すなどして視覚的に見やすくするために利用されることがある．

1.3.3 元素の分類

周期表に現れている元素を分類すると次のように分類できる．すなわち，元素の周期律性から分類すると典型元素と遷移元素に大別される．一方，元素の性質から分類すると金属元素，非金属元素，と両性元素，さらにアルカリ金属，アルカリ土類金属，ハロゲン元素，と希ガス元素などに分類される．これらについて見てみよう．

典型元素（typical element）：周期表の1，2，12～18族の47元素のことをいい，これ以外は遷移元素という．

遷移元素（transition element）：周期表の3～11族の56元素（原子番号103番まで）のことをいう．原子番号が増すに従い，dまたはf軌道に電子が満たされていく元素である．

アルカリ金属（alkali metal）：典型元素のなかの1族に属する6元素．リチウム，ナトリウム，カリウム，ルビジウム，セシウム，およびフランシウムで+1価の陽イオンを生じる．電気的に最も陽性である．融点が低く，電気伝導性，熱伝導性がよい．

アルカリ土類金属（alkaline earth metal）：典型元素のなかの2族に属する6元素．ベリリウム，マグネシウム，カルシウム，ストロンチウム，バリウム，およびラジウムで，+2価のイオンを生じる．

ハロゲン元素（halogen）：典型元素のなかの17族に属する5元素で，フッ素，塩素，臭素，ヨウ素，およびアスタチンをいう．1個の電子を受け取ると希ガス原子の構造となるため−1価イオンおよび2原子分子X_2になりやすい．

希ガス元素（rare gas）：典型元素のなかの18族に属する6元素である．ヘリウム，ネオン，アルゴン，クリプトン，キセノン，およびラドンをいう．化学的に不活性であるため，不活性ガスともいう．

金属元素（metal element）：長周期表ではほぼ中央から左に属する金属元素は，陽イオンになりやすい性質をもつ．その単体は一般に常温で固体（solid）で（水銀は唯一液体である），展延性や電気伝導性，熱伝導性がよく，金属光沢をもつなどの特徴がある．周期表では左下ほど金属性が強くなる．遷移元素の原子は全部金属であるから遷移金属とよぶことが多い．金属は一般に銀白色ないし灰白色をしているが，金は黄金色，銅はあかね色のような特別の色をもつものもある．金属の比重（密度）は非金属に比べて一般に大きい．金属の比重が約4より小さいものを軽金属（light metal）といい，それより大きいものを重金属（heavy metal）という．金属の融点も非金属に比べて一般に高い．金属のなかでもタングステンは融点が非常に高く，しかも比熱が小さい（0.03）ので電球のフィラメントに用いられている．これに対して水銀は融点がいちばん低く，室温で液体をつくる唯一の金属である．しかし比重（specific gravity）が大きい（水銀の比重は13.6）ので気圧計や水銀温度計などの計

器をつくるのに用いられている．

　非金属元素（nonmetal element）：非金属元素の単体は Br_2 を除くと室温で，気体または固体の形態をとる．金属元素の単体は分子としては存在せず，原子の集団が金属結合をつくって存在するのに対して，非金属元素の形態は分子になるものが多い．非金属元素で分子になるものと，ならないものを次にまとめた．

　分子になるものでは，単原子分子，2原子分子，多原子分子となるものに分けられる．単原子分子をとるものでは，0族元素である He, Ne, Ar, Kr, Xe, Rn があり，いずれも気体である．2原子分子をとるものでは，H_2, N_2, O_2, F_2, Cl_2, Br_2, S_2 が気体であり，I_2 は固体である．多原子分子をとるものでは，O_3 が気体であり，S_8, P_4 は固体をとる．分子にならないものに C, B が固体としてある．

　両性元素：周期表で金属元素と非金属元素の境界線をはっきり決めることが困難で，この付近の元素は金属と非金属の両方の性質を示すものがある．これには Al, Ga, In, Ge, Sn, Pb, Sb, Zn などがあり，これらの元素を両性元素とよぶ．

1.4　原　　　子

　物質を細分化していくと，これ以上化学的にも分割できない最終的な粒子に到達する．その粒子が原子である．原子は陽子，中性子，中間子，電子などの素粒子から構成されている．陽子，中性子，中間子は原子核の中にあり，電子は原子核以外の空間に存在する．電子の存在する空間は軌道（orbital）とよばれる．

　原子の種類は元素の種類に対応し，元素記号で示される．A を質量数，Z を陽子数とすると，原子1個は Z 個の陽子と $(A-Z)$ 個の中性子とからなる原子核と，それをとりまく Z 個の核外電子とから成り立っている．陽子と中性子の数の和を質量数（mass number）という．

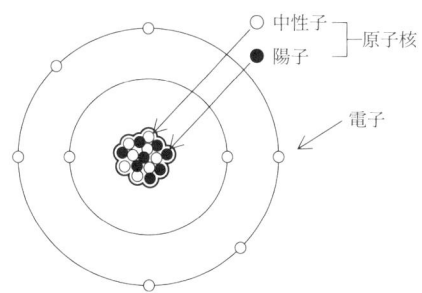
図1.1　原子の概念図

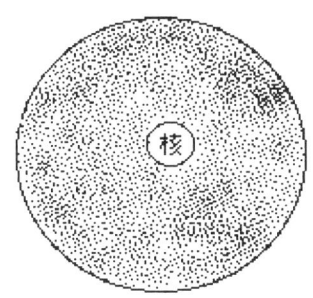
図1.2　量子化学的にみた原子の概念図

表1.3 原子を構成する素粒子の物性

	質量 (g)	質量比	電荷*
陽子	1.6726×10^{-24}g	1836	+1
中性子	1.6750×10^{-24}g	1839	0
電子	9.1095×10^{-28}g	1	−1

* 電子1個の電気量は1.60219×10^{-19}C(クーロン)でこれを電気素量という.

　正電荷をもつ陽子1個は電気的に中性な中性子1個の質量に,ほぼ等しく,負電荷をもつ電子1個の質量は陽子1個の1/1836の質量しかないので,原子1個の質量は,原子核自身の質量にほぼ等しいということになる.陽子と中性子(これらを一緒にして核子という)を合わせた数が質量数Aである.原子の化学的性質はほとんど陽子の数Zで決まるので,これを原子番号とよび,1から111番まで,元素の種類だけある.同じ原子番号でも中性子の数の異なる原子があり,これを同位体(isotope)という.したがって粒子としての原子の種類は元素の種類よりはるかに多くなっている.同位体を識別するために,元素記号の左肩に質量数A値を書き,左下に原子番号Z値を書く方法が使われている.しかしZの値はしばしば省略される.

　水素の同位体:^{1}H,^{2}H(D:deuterium,重水素),^{3}H(T:tritium,三重水素)など天然に存在する,これらの同位体の存在比(%)は元素により異なっている.たとえば,水素については,^{1}Hは99.985%,^{2}Hは0.015%であり,炭素では^{12}Cは98.892%,^{13}Cは1.108%である.

表1.4 同位体の例

原子番号	元素	原子量	同位体	原子質量 (amu)	天然の存在比 (%)
1	H 水素	1.008	^{1}H	1.0078	99.985
			^{2}H	2.0141	0.015
6	C 炭素	12.011	^{12}C	12.000	98.892
			^{13}C	13.0034	1.108
8	O 酸素	15.999	^{16}O	15.9949	99.759
			^{17}O	16.9991	0.037
			^{18}O	17.9992	0.204
17	Cl 塩素	35.453	^{35}Cl	34.9688	75.77
			^{37}Cl	36.9659	24.23
18	Ar アルゴン	39.948	^{36}Ar	35.9675	0.337
			^{38}Ar	37.9627	0.063
			^{40}Ar	39.9624	99.600

1.5 分　　子

　分子（molecule）は，物質の特性をもつ最小単位の粒子でそれぞれ固有の大きさと形をもっている．He，Ne，Ar のように1個の原子が1分子となっている場合は少なく，多くの場合には2個以上の原子が結合してできている．分子の原子構成を原子の種類と数で表したのが分子式（molecular formula）である．分子式は物質を表す記号として用いられる．分子1個の質量は構成原子の質量の和で，水分子 H_2O では 2.99×10^{-33}g となる．ナイロン，ポリエチレン，タンパク質，デンプンなどの分子は非常に大きく，高分子化合物（polymer）とよばれる．また，特に大きな高分子，たとえばある種のポルフィリン化合物などは高分解性の電子顕微鏡でその存在を直接見ることができる．いくつかの原子が結合して分子をつくる場合に，原子は無秩序に結合しているわけではない．各原子には，それぞれ特有の結合の手の数があり，それが原子価（valence）である．valence とは手の意味である．原子価は，その原子がいくつの水素原子と結合するか，あるいは置換することができるか，または，いくつの核外電子が結合に関与しうるかを示している．

表 1.5　主な原子価の例

価数	元　　素
0価	He, Ne, Ar（結合の手をもたない）
1価	H, アルカリ金属元素（Li, Na, K），ハロゲン元素（F, Cl, Br, I）
2価	O, S, Mg, Ca,
3価	N, P, As, B, Al
4価	C, Si, Ge

1.6 イ オ ン

―実験 2．イオンの性質を調べてみよう――――――――――――――
　〔試薬〕　食塩，白砂糖，蒸留水．
　〔器具〕　100 ml 用ビーカー，テスター．
　〔操作〕　100 ml ビーカーに蒸留水を約 50 ml ぐらい入れ，テスターを用いて電気伝導性を調べておく．食塩，白砂糖各1gを溶解させたときに電気伝導性はどのようになるか実験してみよ．この結果どのような物質が電気をよく通すのか考えよ．

　塩化ナトリウムは食塩の主成分でありその結晶は立方体状で，Na^+ と Cl^- からなっている．この結晶中では Na 原子は電子1個失って Na^+ 陽イオン（cation）になり，

他方 Cl 原子は電子 1 個を得て Cl⁻陰イオン（anion）となり，この 2 種のイオン（ion）が交互に等間隔に並んで静電気的な引力で結びついている．

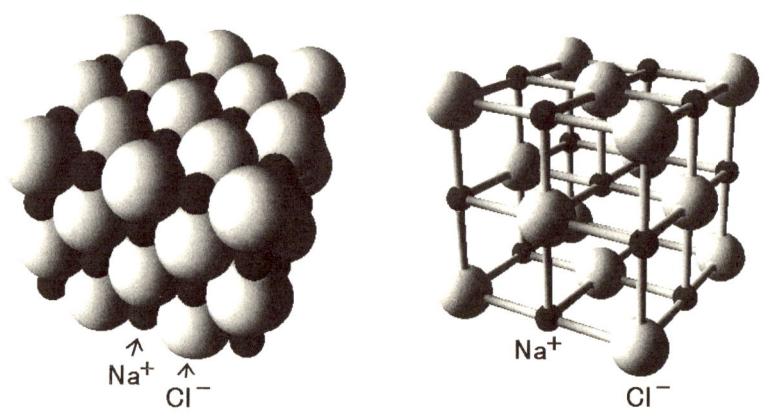

図 1.3 塩化ナトリウム結晶内のナトリウムイオンと塩素イオンの配列

このような結晶はイオン結晶（ionic crystal）とよばれ分子の集団と考えることはできない．つまり塩化ナトリウムの結晶は分子の集まりではなく，多くの Na^+ イオンと Cl^- イオンの集合なのである．結晶全体としては電気的に中性であるから Na^+ と Cl^- の数は等しくなっている．したがって化学式 NaCl は塩化ナトリウム結晶中の 1 個の分子を表すのではなく，Na^+ と Cl^- が 1：1 の比率で結晶をつくっていることを示している．このような化合物を構成する原子数を最も簡単な比で示した式を組成式または実験式という．食塩が水に溶けるとイオン配列は崩れてばらばらになる．元素には陽イオンになりやすいものと陰イオンになりやすいものがある．また 2 つ以上の原子が結合して原子団となり 1 個のイオンをつくる場合もある．イオンは水によく溶けて電気を通す性質があるので電解質（electrolyte）である．いろいろなイオンの例を次に示す．

陽イオン：H^+, K^+, Li^+, Ag^+, NH_4^+, Mg^{2+}, Ca^{2+}, Cu^+, Cu^{2+}, Fe^{2+}, Fe^{3+}, Al^{3+}

陰イオン：F^-, Cl^-, Br^-, I^-, S^{2-}, OH^-, SO_4^{2-}, NO_3^-, CO_3^{2-}

1.7 原子量と分子量

原子の質量については 1961 年国際純正応用化学連合（IUPAC）と国際純正応用物理連合（IUPAP）は，質量数 12 の炭素の同位体 ^{12}C を基準にとり，これを原子質量単位（atomic mass unit：amu と略す）で 12 と定めた．すなわち ^{12}C の原子質量は 12 原子質量単位（12 amu）ということになる．

1原子質量単位（1 amu）は^{12}Cの原子1個の質量の1/12で，1.660×10^{-24}gに相当する．自然界にある各元素はいくつかの同位体を含んでいる．しかし，地球上では各元素の同位体混合比はほぼ一定であり，各同位体全体の平均値としておのおのの元素に対して相対的な質量を決めることができる．同位体混合物の平均的質量をamu単位で表した値を元素の相対的質量，略して原子量（A_r）という．たとえば，^{12}Cと^{13}Cは天然存在量がそれぞれ98.892％と1.108％で，原子質量はそれぞれ12.000と13.003であるので，計算式 $\{(98.892\times12.000)+(1.108\times13.003)\}/100$ により自然界の炭素の原子量は12.011となり，A_r(C)=12.011と書く．原子量と同じ基準で分子の相対的質量を表した値を物質の相対的質量あるいは略して，分子量（M_r）という．M_rは分子とはいいにくいイオン結晶の場合にも"化学式単位のもつ平均質量と^{12}C核種の原子質量の1/12との比"と定義して式量をたとえば，M_r(KCl)=74.551の形で使用される．これらの値は，単に分子量，化学式量として用いられている．

1.8　アボガドロ定数とモルの概念

　質量数12の炭素12.000gには6.022×10^{23}個の原子が含まれている．この6.022×10^{23}個のことをアボガドロ（Avogadoro）定数といい，一般にN_AまたはLで表す．また，6.022×10^{23}個の粒子の数の量を1モル（mol）という．ちょうど12個のことを1ダースというような表し方である．この定義によると物質1モルの質量は分子の場合その分子量に等しい数字にgをつけた量，たとえば水（H_2O）では18.015gとなる．NaClのようなイオン結晶の場合にもその式量にgをつけた58.443gが1 molになる．

　原子，イオン，分子などの1個の粒子はきわめて小さいため，実験室などで物質を取り扱うとき，粒子の数そのものを用いるのは不便である．そこで取扱いの便宜上，一定の個数の粒子の集まりを一つの単位と考え，アボガドロ定数を基準にしてmol単位を用いている．mol単位を用いれば，ある化学反応で1個の分子と1個の分子が反応するとき，これを1 molの分子と1 molの分子が反応すると考えてよいことになる．また，アボガドロ定数はイオンの数や電子の数にも使用される．

　アボガドロ定数は実験からも求めることができる．たとえばステアリン酸の単分子膜をつくって，ステアリン酸1モル中の分子数を求めることによりアボガドロ定数が求められる．この実験では，ステアリン酸（$C_{18}H_{36}O_2$）がジグザグな炭化水素の骨格とその末端にカルボキシル基（-COOH）をもつ構造のため，ステアリン酸の単分子膜が水面上にできるときは，親水基の-COOHが水面を向いた形で配列するものと考えられる．それゆえに，この単分子膜の面積からアボガドロ定数が測定でき

る．次の模式図を参考にしてその原理を考えてみよう．

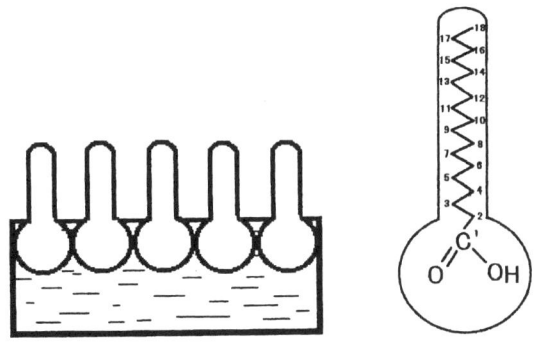

図1.4　水の表面に並んだステアリン酸の単分子膜とステアリン酸の模式図

実験3．アボガドロ定数を求めてみよう

〔使用器具・薬品〕 直示天秤，メスフラスコ（100 ml），水槽，ホールピペット（1 ml）またはメスピペット，ものさし，試験管，ピペッター，ステアリン酸（$C_{17}H_{35}COOH$），シクロヘキサン（C_6H_{12}），洗剤．

（注意）この実験は，水面を清浄にすることが最も重要である．

〔操作方法〕

1. ステアリン酸約 0.03 g を天秤で正確にはかり，メスフラスコを用いてシクロヘキサンに溶かして全量を 100 ml にする．
2. ステアリン酸のシクロヘキサン溶液を 1 ml のホールピペットにて，ピペッターを用いて吸い上げ，溶液をメニスカスの標線に合わせた後，1 滴ずつ試験管内に滴下して，1 ml が何滴に相当するかを求める．
3. 洗剤できれいに洗った水槽に水を入れ，その表面積を測定する．
4. 2で使用したピペットを用いて，ステアリン酸のシクロヘキサン溶液を水面の中央部に静かに 1 滴ずつ滴下する．シクロヘキサンが気化するまでに，若干の時間を要するが，滴下した溶液が消えたら次を落とすようにする．水面全体が単分子膜でおおわれると，次の 1 滴は直径数 mm のレンズ状となって浮かぶが，よく注意して見ていると，レンズ状の 1 滴のシクロヘキサンが徐々に気化したとき，余分となったステアリン酸の白い固体が水面上に浮かび，次いで四方に輪を描いて発散するようになる．このようになったら終点を過ぎたので，その前の 1 滴までで計算する．
5. 時間があったら水槽の水を捨て，洗剤できれいに洗った後，もう一度 3，4 の実験を行って再現性があるかを確かめるとよい．

〔実験結果の整理〕
1. ステアリン酸のシクロヘキサン溶液の滴下量の体積は何 ml か．
2. この中に含まれるステアリン酸は何モルか．
3. ステアリン酸分子の断面積は $2.2\times10^{-15}\mathrm{cm}^2$ である．このことから単分子膜中のステアリン酸の分子数を求めよ．
4. ステアリン酸1モル中の分子数（アボガドロ数）を求めよ．

1.9 分子と化学式

　分子はさまざまな大きさ，形，化学的な性質をもっている．そのことを化学式や簡単な実験から見てみよう．物質の重量は必ず加算されるが，体積は必ずしも加算されない．異なる物質どうしを加える場合，特にそのことがはっきりわかる．物質が粒子であることを考えるとその理由がわかるだろう．

― 実験4．物質の体積は加算できるであろうか ―
1. 50 ml の米と 50 ml の食塩を混ぜてからその体積をはかってみよう．その体積は 100 ml になるか．ならないとしたらその原因を考えてみよう．
2. 50 ml の水と，50 ml のエタノールを混ぜてから，その体積をメスシリンダーではかってみよう．その結果 100 ml になるかどうかについて考えてみよう．

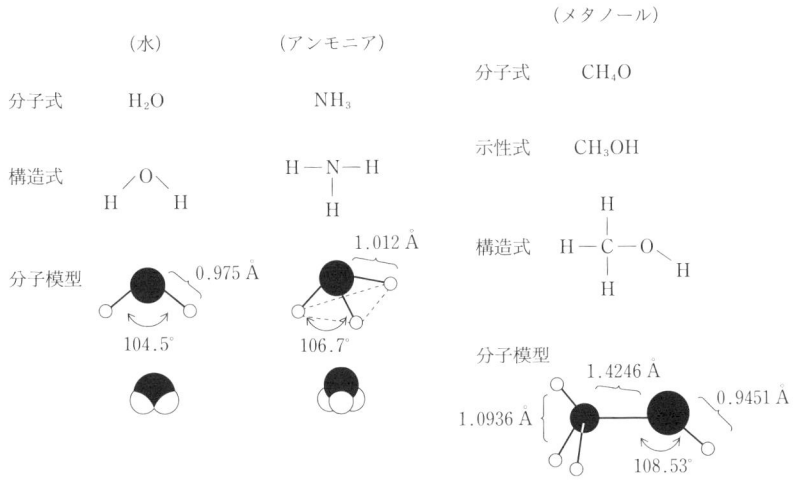

図1.5　いろいろな分子の表し方（分子式，構造式，分子模型）

分子はどのような原子からできているのであろうか，またその構造はどのようになっているのであろうか．いろいろな分子を化学式で表すと便利である．そのためには化学式について知っておく必要がある．化学式には分子式（molecular formula），組成式のほかに化学反応や分子間の相互作用に原子や原子団（官能基という）だけを区別して書いた示性式や化学結合を詳しく立体的に書いた構造式がある．原子数の多い複雑な分子になると異性体（isomer）も多くなって，分子式ではその物質の特徴を表現できなくなる．そこで示性式や実験式あるいはその両者を折衷した形の化学式が便利に用いられている．また，分子模型を用いることも多い．さらに，コンピューターを用いて分子の構造をより動的に表すこともできる．分子やイオンは，私たちが直接見ることはできないが，それにもかかわらず分子やイオンの構造を決定する手段はほぼ確立されている．さらに，物理，化学的研究手法によってたくさんの物質の精密な化学構造が決定されてきている．

【演習問題】

1.1 次の物質を純物質と混合物に分類せよ．
二酸化炭素，水銀，空気，石油，水素ガス，ドライアイス，氷，メタンガス，塩酸，酸素，ガラス，ダイヤモンド，エチレン，グルタミン酸ナトリウム，紙．

1.2 次の元素のうち，似た性質のものをまとめてみよう．
臭素，酸素，炭素，ヘリウム，硫黄，鉄，ナトリウム，リン，フッ素，カルシウム，カリウム，ケイ素，リチウム，スズ，アルゴン，マグネシウム，ニッケル，塩素，ネオン，窒素，クロム．

1.3 1円玉は純度のよいアルミニウムからできていて質量は1.0 gである．1円玉にはアルミニウムの原子が何個あるか．

1.4 コップ1杯の水を飲むと，何個の水分子を飲み込んだことになるのであろうか．また，これは水分子何モルになるのか．

1.5 天然の水は水素と酸素の同位体の組合せでできている．いちばん重い水はいちばん軽い水の約何倍に当たるか．

1.6 次の分子式で書ける異性体の構造式を書いてみよ．
1) C_5H_{12}
2) C_2H_6O

2

物 質 の 変 化

　ものが燃えるという現象は人間文明の発足時から人間生活に密着しており，最も身近な物質の変化である．本章では，燃焼による生成物のうち最近特に地球温暖化の原因物質として注目されている二酸化炭素の実験を通して物質の変化を学ぶ．

2.1 化 学 反 応

　われわれの周りを取り囲む物質はそれぞれ固有の性質をもっているが，物理的性質から大きく分けて気体・液体・固体に分類できる．それらの物質が一定の条件下で化学的な変化を起こし別の物質に変わることを化学反応というが，その変化の方向は物質の性質からある程度予測でき，われわれの望む物質をつくることができる．

2.1.1 空 気

　化学結合によってできた分子のうち，気体は分子間で働く力の弱い物質群であり，特に基本的なものを表 2.1 に示す．それぞれのモル体積にほとんど差がないが，1 モルの質量は，化学式から計算できるように大きな差がある．

　地球をとりまく空気は，アルゴン，二酸化炭素（carbon dioxide）などの微量成分を除けば，主成分は酸素（oxygen）と窒素（nitrogen）1：4 の混合気体である．

　空気は，同体積の水素（hydrogen），アンモニア（ammonia）や窒素よりも重いが，酸素や二酸化炭素より軽いことがわかる．これらの事実から，気体の質量を視覚的に確認できる実験を試みたい．

表 2.1　いろいろの気体

	化学式	モル体積[1] (l/mol)	溶解度(ml/水 1 ml)[2] 0	20 (°C)
水素	H_2	22.41	0.021	0.018
窒素	N_2	22.41	0.024	0.016
酸素	O_2	22.39	0.049	0.031
二酸化炭素	CO_2	—	1.71	0.88
塩化水素	HCl	22.25	517	442
アンモニア	NH_3	22.09	1299	635
空気[3]	—	—	—	0.02

1) 標準状態（0°C, 760 mmHg）の体積．
2) 760 mmHgのとき，水1mlに溶ける標準状態の気体の体積．
3) 空気の組成 (v/v)：
　　N_2 78.1, O_2 21, Ar 0.9, CO_2 0.03 (%),
　　Ne 18, He 5, Kr 1, Ne 0.1 (ppm),
　　CH_4, N_2O, H_2, O_3 + H_2O (水蒸気).

2.1.2　実験の計画と準備

必要な気体を得るためには，どんな基本的な考え方で実験を計画し，装置を組み立て進めていくかをまとめてみる．

まず，必要な気体を発生させる反応式を選び，必要な気体の体積を概算し，反応が順調に進行するに必要な試薬の量を計算せねばならない．

純粋な二酸化炭素を，1.5 l のペットボトル1杯採取するとして，反応式とその意味するところは次のようになる．

$$CaCO_3 + 2HCl \longrightarrow CaCl_2 + H_2O + CO_2\uparrow$$

	$CaCO_3$	2 HCl	$CaCl_2 + H_2O + CO_2\uparrow$
化学式量	100	36.5	44
モル数	1	2	1
必要量	100 g	(73 g)	(44 g)
使用試薬		[6 mol/l HCl] = 340 ml	[気体] = 22.4 l
［概算］	10 g	35 ml	2 l
使用量	10 g	50 ml	1.5 l（純粋）

化学反応をさせるとき，必要な反応式を調べると反応前後の粒子の数は整数で物質の数が関与するので，物質の数を質量で表せるモルの考え方で反応を見ていく必要がある．まず，モル濃度（morality）の計算が自在にできることが第一歩である（塩酸の希釈のついて演習問題2を参考にする）．

反応のスケールを1/10にすれば，少なくとも必要量の2 l の気体が得られる．採取する気体の量は1.5 l であるが，気体発生装置に含まれる空気を追い出すために最初に捨てる量を考慮し，発生させる量を2 l にした．また，気体の発生をスムーズに

するために，少し多めの希塩酸を使用し，6 N HCl を 50 ml 用いる．
次に，気体の性質と実験の目的に応じた気体発生法と捕集法を考える．
二酸化炭素は下方置換でも採取することができるが，発生気体とともに出てくる塩化水素の混入を防ぐため，水に対する溶解度差を利用して，水上置換法で二酸化炭素を採取する．

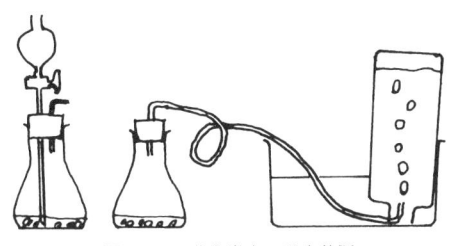

図 2.1　二酸化炭素の発生装置

気体を取り扱う実験では，危険防止のためだけでなく，実験を順調に進行し成功するためには，実験装置の気密性が重要である（実験での気密性については演習問題3を参考にする）．

2.1.3　空気と二酸化炭素や水素の重さを比べる

ふくらませた風船などを使えば，空気には重さがあり，その体積から質量を計算することもできる．竿ばかりを用いるこの実験は，無色・無臭の二酸化炭素と水素を容器に移し，移動は目に見えないのに天秤がスーと動くことで気体の軽重を視覚的にとらえることができ，当たり前のことなのに不思議さを感じる．

──実験1．空気と二酸化炭素や水素の重さを竿ばかりで比べる──

カッターで上部を切り容量が 1 l 程度のペットボトルにし，火のついた線香で穴を開け，たこ糸を通して受皿とし，図 2.2 のような感度のよい竿ばかりを用いる（竿ばかりの自作は演習問題4を参照する）．

〔器具〕　竿ばかり（スタンド大，クランプとクランプホルダー，ガラス管 1 m，絹糸，たこ糸，ペットボトル 1.5 l 2個，カッター，線香とマッチ，ビニールテープ，薬包紙）．

1．二酸化炭素と空気の比較
　① 前記した図 2.1 のような気体発生装置をつくり，三角フラスコに大理石 10 g を入れ，希塩酸 50 ml を加えて二酸化炭素を発生させ，水上置換で 1.5 l のペットボトルに捕集する．
　② ペットボトルの外の水分をよく拭き取り，内部の水分を注ぎ込まないよう

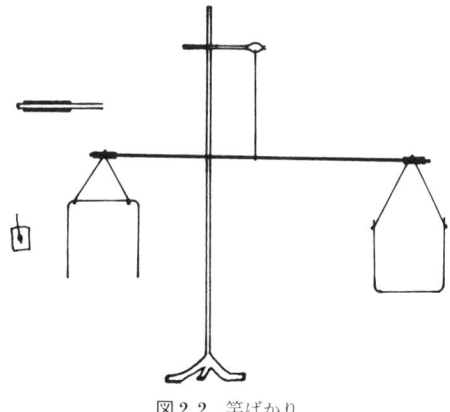

図 2.2　竿ばかり

に，自作の漏斗を通し，上向きの受皿に注入する．
〔試薬〕　大理石，希塩酸（濃塩酸を希釈），アルコール（少量），水道水．
〔器具〕　気体発生装置（三角フラスコ 300 ml，ゴム栓，L 字管 2 個，ゴム管），ペットボトル（1.5 l），水槽，ティッシュペーパー，目盛付ビーカー 100 ml 2 個，三角フラスコ（200 ml），自作漏斗．

2. 水素と空気の比較．
   ① 下向きの方の受皿の下に，アルミホイル 1 g を入れたビーカーを置く．
   ② 水酸化ナトリウム 1 g を水 10 ml に溶かした溶液を入れた後，直ちに底を切ったペットボトルで蓋をし，水素を受皿に導く．
   ③ 傾きが観察されたら実験が終了したので，直ちに水酸化ナトリウムの水溶液を捨て，残ったアルミホイルを洗う．
〔試薬〕　アルミホイル，水酸化ナトリウム．
〔器具〕　三角フラスコ（100 ml），ペットボトル（1.5 l），カッター．

〔結果〕　二酸化炭素を移すところが難しいが，気体には質量があることを確認できる．また，二酸化炭素は水に溶けるが，水上置換でも十分の量を簡単に捕集できる．二酸化炭素の水への溶解量を減少させるためには水上置換のとき先端が倒立した容器の底に届くような L 字管を使う．

受皿の中に二酸化炭素の存在することは，1）火のついた線香の火が消えかかる（支燃性がない），2）受皿に BTB 液を数滴加えると青→黄の色変化する（水に溶けて酸性を示す）などから確認できる．

2.1.4 二酸化炭素の噴水

二酸化炭素とアルカリは反応する．よく知られているのは，石灰水に二酸化炭素を通じると白色沈殿が生じ，さらに通じ続けると沈殿が溶けて透明になる次の反応で，二酸化炭素の検出・確認法である．

$$Ca(OH)_2 + CO_2 \longrightarrow CaCO_3\downarrow + H_2O$$
$$CaCO_3 + H_2O + CO_2 \longrightarrow Ca(HCO_3)_2$$

アルカリに水酸化ナトリウムを用いて行ったのが，次の実験である．

実験2．二酸化炭素の噴水

1. 図2.3のような噴水装置をいったん組み立てた後，装置はばらしておく．

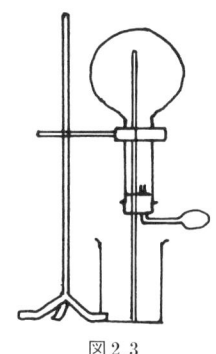

図2.3

2. 水上置換で丸底フラスコ（1 l）に二酸化炭素を満たし，噴水装置のガラス管部分を差し込む．
3. ゴムキャップに10％水酸化ナトリウム水溶液を満たして，L字管に取り付ける．
4. 1％水酸化ナトリウム水溶液1 l をビーカーに満たし，噴水装置の下に置く．
5. 水酸化ナトリウム液が装置には入らないよう，ガラス管から二酸化炭素を逃がさないよう注意して，ガラス管をビーカーに立て，組み立てた最初の装置図のようにする．
6. ゴムキャップを勢いよく押して，水酸化ナトリウムを二酸化炭素と反応させて系内を減圧にする．
7. ビーカー中の水酸化ナトリウムがガラス管を徐々に上昇し，フラスコ内に達すると，噴水が始まる．

〔試薬〕 1％水酸化ナトリウム水溶液1.2 l，10％水酸化ナトリウム水溶液5 ml，大理石10 g，希塩酸（濃塩酸を希釈）50 ml，エーテル（いざというときの切り札），アルコール．

〔器具〕 噴水装置（スタンド，クランプとクランプホルダー，丸底フラスコ1 l，

先を細くしたガラス管，ゴム栓，L字管とゴムキャップ，ビーカー1 l)，ティッシュペーパー，気体発生装置（三角フラスコ 300 ml，ゴム栓，L字管2個，ゴム管），水槽，目盛付ビーカー（100 ml）2個，三角フラスコ（200 ml）.

必要なら：コルクボーラー，バーナー，ガラス管2種類，スポイト（アルコール用），ビニールテープ（切り札）.

〔実験のポイント〕 成功の鍵は，実験に必要な反応をきっちり理解し手際よく進行させることと，装置の気密性である．空気が入り始め，1％ NaOH 水溶液が上昇しないときは，丸底フラスコの上にエーテルを振りかけ，温度を下げて，噴水を強制的に進行させることができる．

この実験の内容は CO_2 と NaOH の反応であるが，演習問題8を参考に考察すれば十分理解できる．

2.2　平衡反応

化学反応（chemical reaction）を化学反応式（chemical equation）で示すと右に進む反応を正反応といい，左に進む反応を逆反応というが，それが同時に進行するとき可逆反応（reversible reaction）という．可逆反応は一般に正反応と逆反応が同時に進行するので次のように表す．例えば，

$$H_2 + I_2 \underset{v_2}{\overset{v_1}{\rightleftarrows}} 2HI$$

この反応は，水素とヨウ素からヨウ化水素が生じていると同時に，ヨウ化水素の分解も起こり水素とヨウ素になってしまうことを表している．

反応系の物質の濃度，温度，圧力など反応条件を一定に保つと，正・逆両反応の速度が等しくなり反応が停止しているかのようになり，この状態を反応系が化学平衡（chemical equilibrium）に達したという．反応速度（reaction kinetics）は，$v_1 = k_1$ [H_2] [I_2]，$v_2 = k_2$[HI]^{2}で表され，平衡状態では $v_1 = v_2$ であるから，

$$k_1[H_2][I_2] = k_2[HI]^2$$
$$K = \frac{K_1}{K_2} = \frac{[HI]^2}{[H_2][I_2]}$$

平衡定数（equilibrium constant）K は，温度が一定であれば反応の種類によって一定で，[ ] 内は物質のモル濃度である．

ル・シャトリエ（Le Chatelier）は，"平衡にある系では，その状態を決める条件を変えると，その変化を打ち消す方向に平衡が移動し，新しい平衡に達する"という化学平衡の移動の原理を発表した．これは物質の濃度にかかわるので質量作用の法則

(law of mass action) ともいう．反応条件を変えれば，反応の方向を変えることができるが，触媒を用いれば反応の速度を変えることができる．

自然界で起こっている可逆反応には，前に出てきた次の反応がある．
$$CaCO_3 + H_2O + CO_2 \rightleftarrows Ca(HCO_3)_2$$
石灰岩地帯には，二酸化炭素を含んだ雨水に石灰岩が溶ける正反応で石灰洞が生じ，その中でゆっくりと可逆反応が進行し，鍾乳石・石じゅんが生じる．

自然界で起こる反応は不可逆過程が多い．反応系から生成物が離脱するような反応がそうで，例えば，前述の二酸化炭素を発生させる反応とか，塩化銀の沈殿とか，メタンの燃焼など化学反応の多くは不可逆反応である．
$$CaCO_3 + 2HCl \longrightarrow CaCl_2 + H_2O + CO_2\uparrow$$
$$AgNO_3 + NaCl \longrightarrow NaNO_3 + AgCl\downarrow$$
$$CH_4 + 2O_2 \longrightarrow CO_2 + 2H_2O$$

2.3 燃　焼

2.3.1 熱化学方程式

化学変化は，単体・分子・イオンなどの粒子がエネルギーのやり取りを行いながら，結合の組み替えを起こすので，必ず熱の出入りを伴う．黒鉛 (graphite) 1モルを燃焼したとき 94.1 kcal の熱を発生した．
$$C(黒鉛) + O_2(g) \longrightarrow CO_2(g) + 94.1\,kcal$$
反応式に熱の出入りを加えて示したものを，熱化学方程式といい，発熱は＋，吸熱を－の記号で表す．

ヘス (G.H.Hess) は，"化学反応の前後で出入りする熱量の総和は一定で，反応の経路には無関係である" というヘスの法則（Hess's law）または総熱量不変の法則を見いだした．これを利用すれば，直接測定できない反応の場合にも，既知の熱化学方程式を組み合わせて反応熱 (heat of reaction) を計算で求めることができる．

2.3.2 燃焼熱

多くの反応のなかでもわれわれの生活を豊かにするエネルギー源として，発熱を伴う燃焼は重要な反応である．化石燃料を含めた有機化合物の燃焼，生物の活動のエネルギー源は二酸化炭素と水を生じる酸化反応の一種である．このとき発生する熱量は，燃焼する物質たとえば，アルコールランプのアルコール，ろうそくなど種類によって大きな差がある．1モルの物質を燃焼するとき発生するエネルギーを，1気圧，25℃で表したものを標準モル燃焼熱といい，これを表2.2に示した．

表2.2 標準モル燃焼熱 (25°C)

物質		kcal/mol	物質		kcal/mol
水素	H_2 (g)	68.3	プロパン	C_3H_8 (g)	530.6
黒鉛	C	94.1	オクタン	C_8H_{18} (l)	1331.4
硫黄(斜方)	S	71.0	エタノール	C_2H_5OH (l)	326.7
メタン	CH_4 (g)	212.8	グルコース	$C_6H_{12}O_6$ (s)	673.0
エタン	C_2H_6 (g)	372.8	ショ糖	$C_{12}H_{22}O_{11}$ (s)	1365.9

水の生成熱:H_2O (l) 68.3 kcal/mol, H_2O (g) 57.8 kcal/mol.

2.3.3 メタンの生成熱

炭素と水素からメタンの生成は次の反応式で示されるが,この生成熱 (heat of formation) は直接測定することはできない.

$$C + 2H_2 \longrightarrow CH_4$$

しかし,生成熱は,表2.2に示された燃焼反応をうまく組み合わせれば,ヘスの法則により計算によって求めることができる.

例題 グラファイトと水素の燃焼熱からメタンの生成熱を求めよ.

解 表2.2のC,H,CH_4のモル燃焼熱から①,②,③の熱化学方程式をつくる.

$$\text{C(グラファイト)} + O_2 \longrightarrow CO_2 + 94.1 \text{ kcal} \quad ①$$
$$H_2 + 1/2\,O_2 \longrightarrow H_2O(l) + 68.3 \text{ kcal} \quad ②$$
$$CH_4 + 2O_2 \longrightarrow CO_2 + 2H_2O(l) + 212.8 \text{ kcal} \quad ③$$

次の計算(①+②×2−③)をして,式④を得る.

$$94.1 + 68.3 \times 2 - 212.8 = 230.7 - 212.8 = 17.9$$
$$\text{C(グラファイト)} + 2H_2 \longrightarrow CH_4 + 17.9 \text{ kcal} \quad ④$$

2.3.4 結合エネルギー

どの化学反応でも,反応の前後で原子の種類と数は変わらない.反応の中間に高エネルギーの原子の状態を仮想すると,反応の前後で結合の組み替えは,反応物の結合が切断して原子状態になり,それが生成物の形に再結合すると考えることができる.反応熱は反応前後のエネルギー差だから,仮想した原子状態を考えることにより,結合エネルギー (bond energy) と結びつけることができる.相変化のエネルギーと無関係な,純粋に原子間のエネルギーの出入りを取り扱うので,結合エネルギーは気相反応系での値で示す.

例題 水素の燃焼熱からO−Hの結合エネルギーを求めよ.ただし,結合エネルギーは,(H−H)=104 kcal/mol, (O=O)=119 kcal/mol である.

解 表2.2から得た式①,②から式③を導く.

$$H_2 + 1/2\,O_2 \longrightarrow H_2O(l) + 68.3 \text{ kcal} \quad ①$$

2.3 燃　　焼　　23

$$H_2O(l) \longrightarrow H_2O(g) \quad -10.5\,\text{kcal} \qquad ②$$

気相反応では　　　$2H_2 + O_2 \longrightarrow 2H_2O(g) \quad +115.6\,\text{kcal}$　　③

表 2.3 から

```
                              4 H + 2 O
               327 kcal    (104×2)+119
反応物 442.6 kcal    ──    2 H─H + O=O
               115.6 kcal   発熱量 115.6
生成物                    [4 (O─H)]  2 H─O─H
```

生成物の2個の H_2O（H─O─H）は4個の（O─H）から成り立っているので，O─Hの結合エネルギー （O─H）＝442.6/4＝110.6 kcal である．

実際には，いろいろな物質から得られた結合エネルギーの平均値をとり，それを平均結合エネルギーとする．その値を表 2.3 に示した．

表 2.3　平均結合エネルギー （25℃）

結合	kcal/mol	結合	kcal/mol	結合	kcal/mol
H─H	104.2	C─C	199.6	C=O**	176〜179
H─F	134.6	C=C	145.8	C─O	85.5
H─Cl	103.2	C─C	82.6	C─N	212.6
H─Br	87.5	N─N	225.8	C=N	147
H─I	71.4	N─N	43.4	C─N	72.8
H─C	98.7	O=O	119.1	F─F	36.6
H─N	43.4	O─O	35	Cl─Cl	58.0
H─O	110.6	S─S	54	Br─Br	46.1
H─S	83	C=O*	192	I─I	36.1

C=O*（CO_2），C=O**（アルデヒド：176，ケトン：179）．
〔注〕これを使っての計算は，気相反応系のものである．

2.3.5　メタンの燃焼熱を結合エネルギーから求める

表 2.2 には一部の燃焼熱（heat of combustion）しか記載されていないが，平均結合エネルギーがわかっていれば，たとえば，メタンを完全燃焼したときの発熱量を計算することができる．計算値を実際の燃焼熱と比較するとよく一致していることから，どのような物質でも計算によって燃焼熱を推定することができ，また，一般の化学反応のエネルギー変化も推測できる．

例題　メタンの燃焼熱を平均結合エネルギーから推定せよ．また，完全燃焼させるために必要な空気は，メタンの体積の何倍か．

解　メタンの熱化学方程式は

$$CH_4 + 2O_2 \longrightarrow CO_2 + 2H_2O(l) \quad +212.8\,\text{kcal}$$

表 2.3 から

$$CH_4 \longrightarrow C+4H \quad 4(C-H) = 4\times 98.7 = 394.8$$
$$2O_2 \longrightarrow 4O \quad 2(O=O) = 2\times 119.1 = 238.2$$

結合開裂の際，吸収されるエネルギー　　633.0

$$C+2O \longrightarrow CO_2 \quad 2(C=O) = 2\times 192 = 384$$
$$4H+2O \longrightarrow 2H_2O \quad 4(O-H) = 4\times 110.6 = 442.4$$

結合生成より放出されるエネルギー　　826.4

放出されるエネルギーの方が大きいので，発熱反応で193.4 kcalが放出される．計算値は気体反応系なので，水を25℃の液体にすると

$$CH_4 + 2O_2 \longrightarrow CO_2 + 2H_2O(g) + 193.4\,kcal$$
$$2H_2O(g) \longrightarrow 2H_2O(l) + 21.0\,kcal$$
$$CH_4 + 2O_2 \longrightarrow CO_2 + 2H_2O(l) + 214.4\,kcal$$

計算結果は214.4 kcalで，実測値212.8 kcalとかなりよく一致している．

1モルのメタンを完全燃焼させるためには，2モルの酸素がいる．空気中には，酸素が1/5しかないから，体積で約10倍の空気が必要である．

2.3.6　ろうそくなどの燃焼

ガス，ろうそくやアルコールランプに火をつけると，炎が観察される．炎は気体が燃焼するときに見られる現象で，固体のろうそくや液体のアルコールは芯の部分で円錐形の炎になって燃えている．熱で溶けて液体になったろうやアルコールは，毛管現象で芯から気化して炎の中にのぼり，炎の熱で分解され，周りの空気が拡散によって自然に混合して不均一な混合気体になり燃焼するので，これを拡散炎という．空気中の酸素の供給が不十分な燃焼のときは不完全燃焼を起こしてすすが生じ，たとえば，ろうの場合1400℃の高温の炎の中で輝き，明るい輝炎を生じる．完全燃焼に多量の酸素が必要なろうや油は，拡散では空気中の酸素が十分に供給されないため不完全燃焼が起き必然的に輝炎となるので，古来より照明として利用されてきた．アルコールランプは，アルコールがわずかのすすしか生じないので少し明るい薄青色の炎を生じ，一般的には熱源としてしか利用されない．

ガスをガスバーナーなどで燃焼するとき，空気を供給しない状態で点火すると拡散炎になり，生じたすすを含む明るい輝炎は風の影響を受けやすい不安定な炎である．ガスバーナーは，空気を入れるとガスの流れで空気を吸い込み，混合して，すすの出ない予混炎をつくる構造になっている．空気孔を開くとまず黄色い炎は薄い青紫色になり，さらに空気を多く入れると勢いのよい2層の炎，バーナーのすぐ上の三角錐形の青緑色の内炎とその外側のやや明るい青紫色の外炎を生じる．内炎は分解によって

生じた水素なども含む還元炎（reducing flame）とよばれる予混炎，外炎は内炎で未燃焼のガスが周囲からの空気の拡散によって酸化反応が起きて生じる酸化炎（oxidizing flame）とよばれる拡散炎で，温度は高いところではおよそ1800℃に達する．

不完全燃焼がすすという炭素をつくり出すが，酸素の供給を絶って材木を高温で処理すると，熱変性を起こし炭素だけが残り炭になる．炭には，窯から燃えている状態で出し灰で処理してつくる白炭（備長炭），窯の中でそのまま冷やしてつくる黒炭（樫炭，櫟炭，楢炭）がある．炭は固体が表面燃焼で燃え，炎も水分も出ないので，遠赤外効果の大きい強い熱源として古来から重用されてきた．ただ，換気が悪く酸素の濃度が低くなると不完全燃焼して一酸化炭素中毒を起こすこともある．叩けば金属音がするほど堅く密な備長炭は，古来火力が強く安定な熱源として使われるほか，最近は多孔性・吸着性という特性を利用し，微生物のベッドあるいはミネラルの宝庫として活用され注目されている．

2.3.7 木灰の触媒作用

木が燃えると炎を出すが，熱で分解した揮発性成分が燃えるためである．十分に酸素を供給し完全燃焼させて作った灰の主成分は炭酸カリウム（K_2CO_3）で，ほかに微量の金属も含んでおり，水溶液はアルカリ性を示す．草木の種類により成分が微妙に異なり，昔から水溶液は灰汁として用いられてきた．たとえば，椿灰は微量成分としてのアルミニウム含量が多く，天然の媒染剤として現在も利用されている．灰の成分炭酸カリウムは，空気の流通の悪いところでもゆっくりと燃焼を持続する作用が知られており，これを触媒効果という．昔の火鉢の生活は，灰の保温と触媒の両方の働きを利用していたことになり，古人の経験を通しての知恵は素晴らしい．木灰の実験から，灰の中に炭酸カリウムの量，生木の中に含まれるカリウムの量も推定できる．

実験3. 灰でハイハイこっちへおいで　火が進む

1. 市販の木灰（手作りの灰）をビーカーに入れ，水を加えてどろどろの状態（重さで1：2程度）にして，割り箸でかき混ぜ，放置する．
2. 上澄み液を小さいさじですくい取り，自然沪過する．
3. 透明な沪液をビーカーに入れて印を付け，1/2〜1/4量に濃縮する．
4. 濃縮液を割り箸に付け，わら半紙またはのし紙に線や字や絵を描く．
　（水がたまった感じに線・字・絵を描くと，濃くなる）
5. あぶり出して着色させ，熱いうち直ちに線香の火を点火する．

〔試薬〕木灰（市販品：500, −〜1000, −/kg），手作りの灰（乾いた木の葉を鍋の中で燃やし白い灰にする）．（灰がない場合は，炭酸カリウム，硝酸カリウム，重曹（炭酸水素ナトリウム）などの1％水溶液で代用できる）．

〔器具〕たばこの灰や吸殻（フィルターは除く），鍋（缶詰，平らな缶，横穴を釘

で開けた普通の缶詰の缶，古鍋など），火箸（太い針金），ガスバーナー，ガスコンロ，沪過装置（漏斗台，漏斗，沪紙）．
（漏斗の代用品；ペットボトルの上部，コーヒー用フィルターペーパー），ビーカー，三脚，割り箸，わら半紙（巻紙，のし紙），マッチ（ライター），線香，洗剤用の計量さじ．
〔結果〕 溶液の濃度が薄いと火が消えやすいので，濃縮時間はそんなに違わないから灰汁の濃度を高くした方がよい．自然乾燥でもある程度の濃度であれば火は広がっていくが，乾燥に時間がかかる．電気コンロやストーブなどで乾燥させ，線や字の部分があぶり出して狐色から焦げ茶色にして着火すると，火の広がりは速く消えにくい．薄い狐色にしかならないときは濃度が低く火が消えやすいので，重ね書きするか，濃縮する必要がある．火の広がり方は，紙を持つ角度の影響も受ける．2枚の金網を折って組み合わせた支えを使うと手で持たなくてよい．火の移動は普通直線的で，曲線部分では行き過ぎた火が横の方へ移っていったり，時には後戻りしたりすることもある．

2.3.8 引火と爆発

物質には，炎を近づけたとき瞬間的に引火する程度に可燃性蒸気が発生する温度範囲がある．この温度を引火点（flashing point）といい，これによって危険物が分類されている．気体または物質の蒸気が空気と混合しているとき，引火爆発する空気に対する体積比があり，これを爆発範囲（range of explosion）という．

実験中に爆発事故が起こることがあるが，ほとんどが水素とアルコールの実験である．水素実験で，試験管などに水素を捕集し炎を近づけると，爆発音を出して燃えるので恐ろしがる者もいるが，完全に水素になった気体をシャボン玉に入れて点火したときは，ただ単に炎を出して燃えるだけで危険はない．問題は，空気と気体の混合比で，この範囲の広いものは危険性が高くなるので注意したい．危険なのは，水素を発生している装置の先端に"直接"点火または引火する場合で，これさえ避ければ，水素の実験はそれほど恐ろしくない．

アルコールも油断していると大事故を起こす可能性があり，特にアルコールランプを使用するとき，アルコールの量（7～8分目を新たに入れて使用）が少ないと，空気と蒸気の混合比が爆発範囲になりやすいので注意を要する．

アルコールと空気の混合気体を使った次の爆発のモデル実験を通じて，アルコールのような安全と思われている物質でも，安全に留意しないと大事故につながることを体験的に学習して欲しい．表2.4には，よく使われる気体と液体の爆発範囲と引火点を示した．

表2.4 引火点と空気混合気体の爆発範囲 (v/v %)

物　質	引火点 (℃)	爆発範囲
水素	—	4.1～75
メタン	—	5　～15
プロパン	—	2.4～ 9.5
エチルエーテル	−41～−20	1.7～48
アセトン	−18～　2	2.6～12.8
ベンゼン	−12～　10	1.4～ 9.5
メタノール	− 1～　32	7　～37
エタノール	9～　32	3.5～20

─── 実験4．アルコールの爆発 ───

1. 空缶の上蓋を缶切りで切り取り，側面下部に直径5～6 mmの孔を開ける．
2. 上部を薬包紙でおおい，輪ゴム2本で強く巻いて（できれば3回ぐらい）しっかりと固定する．
3. 下部の孔から，アルコール2～3滴を入れ，缶を回して内面をアルコールでぬらし，手で温めて気化させる．
4. 缶を机上に置き，側壁の孔にマッチの炎を触れさせると，爆発して薬包紙が飛ぶ．

〔試薬〕　エタノール（メタノールでもよい）．
〔器具〕　清涼飲料水またはコーヒーのスチール缶（250 ml），薬包紙，輪ゴム，スポイト，マッチ，るつぼ挟み（大きいピンセット）．
（注意と応用）　輪ゴムで作った薬包紙の密閉度が悪いと音も爆発の凄さもわからない．一度使ったスチール缶は温度が高いので，再度取り扱うときは火傷しないように注意する必要がある．この実験の応用としては，アルコール大砲，アルコール鉄砲の実験がよく知られている．

2.4　酸化還元反応

　酸化還元反応（oxidation reduction reaction）とは，物質の原子価の変化を伴う反応で，2.3で述べた燃焼のほか，呼吸，金属のさび，腐敗など身の回りで日々進行している化学反応である．
　古典的には，酸化とは酸素と化合する反応で，還元とは酸素を取り除いたり水素と化合する反応をいう．

$$\text{酸化反応}\quad 2\,Cu + O_2 \longrightarrow 2\,CuO$$
$$\text{還元反応}\quad Ag_2O + C \longrightarrow 2\,Ag + CO$$

原子価の変化は電子の移動で表されるので，酸化還元反応は，広義には，電子のやりとりを伴う反応をいう．反応系の元素の酸化数の増減で反応を見ない限り，正しい反応式を書くことができない．次の規則に従って酸化数を決めるが，これを理解すると正しい酸化還元反応の反応式を書けるようになる．

(1) 単体の酸化数＝0　　$H_2=0$，　$O_2=0$，　$Na=0$
(2) 化合物に含まれる元素の酸化数は，水素＝＋1，酸素＝－2，
　　アルカリ金属＝＋1　（アルカリ金属の水素化物（LiH）水素＝－1）
(3) 化合物に含まれる元素の原子の総数の和＝0

$$H_2O \quad CO \quad NaCl \quad LiH$$
$$(+1×2)(-2) \quad +2-2 \quad +1-1 \quad +1-1$$

(4) 酸化還元反応では，反応系と生成系の酸化数の総和＝0で，増減はない．

```
変化なし
            Ag₂O  +  C  ──→  2 Ag  +  CO
酸化数     +1×2-2    0        0      +2-2
増加                   +2
減少              -2
増減     (+2)+(-2)=0
```

例題 アルミニウムの粉末と塩素酸カリウムの燃焼反応の酸化数の増減はどうなっているか．また，酸化されたり，還元されているものはどれか．

```
解            0        +1+5-2×3    +3×2-2×3    +1-1
             2 Al   +   KClO₃   ──→   Al₂O₃   +   KCl
                                          -6
                      +3×2=+6
```

アルミニウムは，$2Al(0 \to +3)=+6$ と電子を6個放出し，酸化されて，還元剤である．

塩素酸カリウムの塩素は，$Cl(+5 \to -1)=-6$ と電子を6個もらい，還元されて，酸化剤である．

酸化還元反応を，イオン式で書くこともあるが，そのときは左右のイオンの増減がないように式をつくればよい．

酸化還元反応では，最近銀鏡反応を応用した"鏡のつくり"などが楽しい実験としてよく行われている．また，教科書にも光合成のところで"酸素の検出"にインジゴカーミンが用いられ，酸化・還元を"青→黄"の色変化で見ている．また，水中の還元物質の存在を知る方法としてエチレンブルーが用いられ，放置すれば青色になり，振ると色が消える"不思議な液体"としてよく知られている．

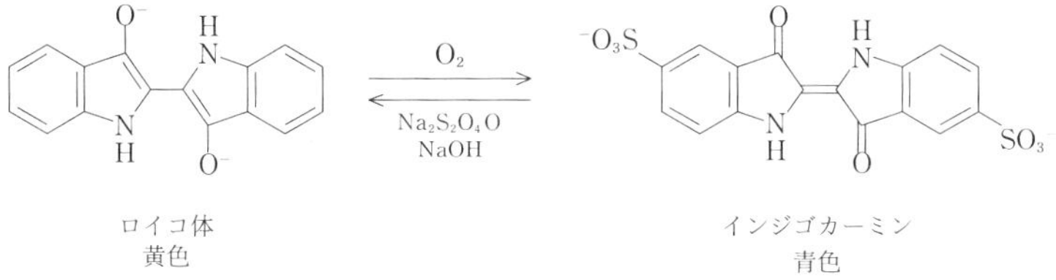

図2.4 ロイコ体（黄色）／インジゴカーミン（青色）

【演習問題】

2.1 空気と二酸化炭素を $1\,l$ で比較すると質量差はいくらか．概算せよ．

2.2 市販の濃塩酸（conc. hydrochloric acid）（36%，$d = 1.19\,\text{g/mol}$）のモル濃度を計算し，希釈法を述べよ．

2.3 気体実験のとき，捕集・実験装置について最も重要なことは洩れないことである．どの点に注意すべきであるか．

2.4 二酸化炭素と空気の質量差を視覚的にわかる天秤（竿ばかり）を作るには，どうすればよいか．

2.5 二酸化炭素を発生する試薬にどんなものがあるか．大理石を使用する理由を述べよ．

2.6 市販の濃塩酸をそのまま使用しない理由を述べよ．

2.7 水素を発生させる反応をあげよ．

2.8 二酸化炭素の噴水に水酸化ナトリウム水溶液を使う理由を示せ．また，水溶液の濃度を求めよ．

2.9 気体のアンモニアで噴水ができる理由を述べよ．

2.10 窒素ガス（N_2）と水素ガス（H_2）を混合して400℃に保てば，アンモニアが生成して，次の平衡が成り立つ．

$$N_2 + 3H_2 \rightleftarrows 2NH_3$$

反応系をアンモニア増加の方向に変えるには，反応条件（圧力，N_2，NH_3）をどう変えればよいか．

2.11 次の反応は発熱か，吸熱か．

$$CH_4 + Cl_2 \longrightarrow CH_3Cl + HCl$$

2.12 次の反応のうち，酸化還元反応はどれか．また，酸化剤，還元剤を示せ．
1) $R\text{-}CHO + 2[Ag(NH_3)_2]^+ + 2OH^- \longrightarrow R\text{-}COO^-NH_4^+ + 2Ag + 3NH_3 + H_2O$
2) $CaH_2 + 2H_2O \longrightarrow Ca(OH)_2 + 2H_2$
3) $AgNO_3 + NaCl \longrightarrow NaNO_3 + AgCl$
4) $Zn + 2HCl \longrightarrow ZnCl_2 + H_2$

2.13 次の反応を，イオン反応式と硫酸酸性での反応式で示せ．
　　　　$KMnO_4$ は酸性溶液中では Mn^{2+} になる．

2.14 インジゴカーミンの酸化還元反応を式で示し，反応を説明せよ．

3

水溶液とイオン

　溶液とは何か．身の回りには，いろいろな水溶液の例がある．本章では，物質を水に溶かしたときに，水溶液の中で物質はどのように変化しているのか，水溶液の中で起こっている化学反応を私たちの日常生活にどのように役立てているかを学ぶ．

3.1　溶　　　液

3.1.1　溶解・溶液

　水の中へ青い色素を入れると，水全体が次第に青色になり，かき混ぜると液の色は均一になる．液体が他の物質と均一に混ざり合うこと（混合する）を溶解といい，できた均一な混合物を溶液（solution）という．

実験 1. 溶けるということ（溶解）

〔試薬〕　メチレンブルー．
〔器具〕　ビーカー（50 ml），ガラス棒．
〔操作〕　ビーカー（50 ml）に 30 ml 程度の水をとり，青い色素のメチレンブルーを極少量（ごま粒の半分程度）を水の中に入れて溶ける様子を観察してみよう．しばらくしてから，ガラス棒でよくかき混ぜてみる．
（注意）　色素を入れすぎると色が濃すぎて溶ける様子が観察しづらくなるので，ほんの少量を加える．

　物質を溶かす液体を溶媒（solvent），その中に溶けている物質を溶質（solute）という．上の実験では，水が溶媒であり，色素が溶質ということになる．特に，溶媒が水である場合を水溶液（aqueous solution）という．

水のように，液体はいろいろな物質を溶かす性質をもっている．地球上に存在する海水や河川水，湖沼水，地下水，雨水にもいろいろな物質がわずかながら溶けている．海水には，表3.1のような物質が溶けており，特に塩化ナトリウムを含んでいるので塩辛い．また，血液もブドウ糖やアミノ酸などの栄養素，二酸化炭素や尿素などの排出物が溶けている一種の水溶液である．

表3.1 海水（100g中）に含まれる物質と含量

物質名		含量 (g)
塩化ナトリウム	NaCl	2.72
塩化マグネシウム	$MgCl_2$	0.38
硫酸マグネシウム	$MgSO_4$	0.17
硫酸カルシウム	$CaSO_4$	0.13
硫酸カリウム	K_2SO_4	0.09
炭酸カルシウム	$CaCO_3$	0.01

日常生活で使用しているもので，調味料の醬油には，食塩や乳酸，アミノ酸などが溶けており，食酢には，酢酸やブドウ糖などが溶けている．ブドウ酒や清酒，焼酎などにはエタノールのほか，それぞれ特有な成分（物質）が溶けている水溶液なので，香りや風味を楽しむことができる．

3.1.2 水に溶けるもの溶けないもの（溶解性）

── 実験2．次にあげた物質の水やヘキサンに対する溶解性を比較する ──

〔試薬〕 ヘキサン．
〔器具〕 試験管，試験管立，湯浴，ガスバーナー，三脚など．
〔試料〕 塩化ナトリウム，硫酸銅五水和物（$CuSO_4・5H_2O$），砂糖，パラフィン，エタノール，食用油（サラダ油）．
〔操作〕 試験管12本を用意し，6本の試験管にはそれぞれ5mlの水を，残りの6本の試験管にはそれぞれ5mlのヘキサンを入れる．それぞれの試料の少量を水とヘキサンに加えて溶けるかどうかを比べてみよう．溶けにくかったら，湯浴で温めてみる．
〔結果〕 結果を表にまとめてみよう．

上の実験から，物質には水に溶けるもの，溶けないものがあることや，水に溶けない物質でも他の溶媒には溶ける場合もあることがわかる．

3.1.3 溶解のしくみ

塩化ナトリウム（NaCl）の結晶を水の中に溶かすと，NaClはナトリウムイオンNa^+と塩化物イオンCl^-に電離し，極性分子（polar molecule）である水分子（図

3.1) と結びつき，取り囲まれて水の中に拡散していく．このように，物質を構成しているイオンや分子が，溶媒の水分子によって取り囲まれる現象を水和 (hydration) といい，ナトリウムイオンは水和ナトリウムイオンとなり，塩化物イオンは水和塩化物イオンとなる．溶けるということは，水和によって水の中に広がっていく現象である (図 3.2)．

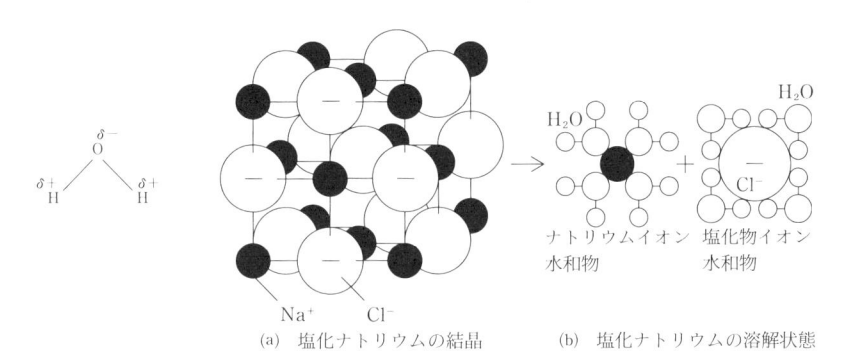

(a) 塩化ナトリウムの結晶　　(b) 塩化ナトリウムの溶解状態

図 3.1　水の極性分子　　　**図 3.2**　水和による塩化ナトリウムの溶解の様子
(伊勢村壽三, 水の話, p.66, 培風館 (1989))

　有機化合物は一般に水に溶けにくいものが多いが，ブドウ糖やエタノール，酢酸などは，水によく溶ける．"似たものどうしはよく溶け合う"といわれるが，ブドウ糖やエタノールの分子の中には，水の分子 H_2O (H-O-H) と同じ原子の集まり (原子団という) ヒドロキシル基 (-OH) をもっている．-OH のように水になじみやすい性質をもつ原子団を親水基 (hydrophilic group) といい，親水基をもつ有機化合物は水に溶けやすいものが多い．酢酸 (CH_3COOH) は，カルボキシル基 (-COOH) という親水基をもっているので水とよく混ざる．メタノール (CH_3OH) やエタノール (C_2H_5OH) の分子の中の CH_3- (メチル基) や C_2H_5- (エチル基) などの炭化水素基は，油になじみやすい性質をもつので親油基 (lipophilic group)，あるいは水になじまないので，疎水基 (hydrophobic) ともいう．ヘキサン (C_6H_{14}) は炭化水素の一種で無極性の有機化合物で，パラフィンや食物油も炭化水素基をもち，ヘキサンとよく似た部分構造をもつのでよく溶けあう．

3.1.4　電解質と非電解質

　物質の示す性質として，物質が水やその他の液体に溶けるかどうかの溶解性とともに，電気を通す水溶液では，物質が化学的に変化 (電気分解) するので物質を溶かした溶液が電気を通す性質があるかどうかも興味のある問題である．

　塩化ナトリウムは，水に溶かすと，水和ナトリウムイオンと水和塩化物イオンにな

って水溶液中に存在する．これは，次のように表される．

$$NaCl \longrightarrow Na^+ + Cl^-$$
ナトリウム　　塩化物
イオン　　　　イオン

　このように，水和ナトリウムイオンと水和塩化物イオンになる現象を電離（ionization）という．塩化ナトリウムや塩化水素（HCl，気体），アンモニア（NH_3，気体）などのように，水に溶けると電離する物質を電解質（electrolyte）という．電解質の水溶液は電気を導く．これに対して，ショ糖やエタノールのように，水に溶けても水和イオンを生じない物質を非電解質（non-electrolyte）といい，これらの分子は，電離しないで電気的に中性のまま水分子に取り囲まれて存在するので，電気を導かない．

3.1.5 溶解度

実験3．水に溶ける物質の量は温度によって異なるだろうか

〔試薬〕　硝酸カリウム．
〔器具〕　ビーカー（50 ml），温度計，湯浴，ガスバーナー，三脚，薬さじ．
〔操作〕　ビーカー（50 ml）に水 10 g をはかりとる．硝酸カリウムを少しずつ溶かしてみる．この操作を繰り返していくと，溶けきれずにビーカーの底にたまるようになる．溶液の温度を測ってみよ．この溶液を 40°C に温めビーカーの底にたまっていた硝酸カリウムを溶かし，さらに溶けなくなるまで硝酸カリウムを少しずつ溶かしてみる．ビーカーの底にたまるようになったらこの溶液を 60°C に温め，同じ操作を行ってみよう．

　このように，溶解する物質の量には限度がある．この溶解の限度の量を溶解度（solubility）といい，溶媒 100 g に溶ける物質のグラム数で示される．図3.3は物質の溶解度の関係をグラフに表したもので，溶解度曲線（solubility curve）という．一般的に，固体物質は温度が高いほど溶解度は大きくなる．
　一方，気体が水に溶ける場合はどうだろうか．二酸化炭素を溶かし込んだサイダーなどの栓を開けるとき，冷やしてあったときと比べて，温まっているときの方が泡のでかたが激しい．これは，圧力一定の条件で気体が溶けるとき，固体の場合と逆に，温度が高くなると溶解度は小さくなるので泡のでかたが激しくなる．

3.1.6 濃度の表し方

　私たちの生活のなかで，いろいろな物質が溶解している水溶液が利用されているが，これらの物質がどのくらいの割合で含まれているか，その濃度の表し方を考えて

3.1 溶　　液　　35

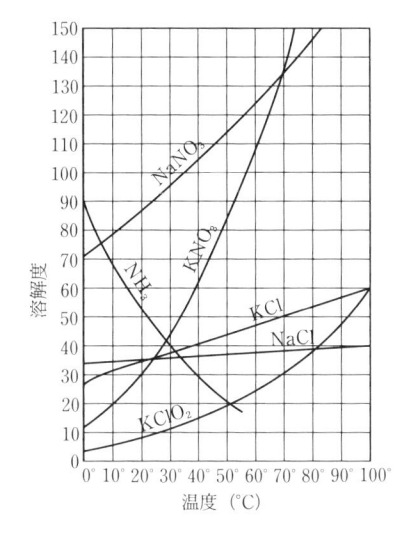

図 3.3　溶解度曲線
（大学自然科学教育研究会，
一般教育課程　化学，p.164，
東京教学社（1988））

みよう．

　一定量の溶液中に含まれる溶質の割合を溶液の濃度といい，それを表すのにパーセント（％）濃度やモル濃度（mol/l）などが用いられる．

　パーセント濃度：溶質の量を，溶液の量に対する百分率で表したもので式で表してみると，次のようになる．

$$\text{パーセント濃度（\%）} = \frac{\text{溶質の量（質量または体積）}}{\text{溶液の量（質量または体積）}} \times 100$$

　この場合，溶質の量を質量（g）あるいは体積（ml）で表し，溶液の量も質量（g）あるいは体積（ml）で表すことができる．これらの組合せから次のような3つのパーセント濃度の表し方が使われている．すなわち，(1) 質量・質量関係のパーセント（％（w/w）），(2) 質量・体積関係のパーセント（％（w/v）），(3) 体積・体積関係のパーセント（％（v/v））で表す方法である．例えば，水 90 g に食塩 10 g を溶かした溶液は，10％（w/w）食塩水であり，3 g の食塩を水に溶かしてつくった 100 ml の溶液は 3％（w/v）食塩水である．

　モル濃度（mol/l）：溶液 1 l に含まれる溶質の量を物質量（モル数）で表す濃度である．

$$\text{モル濃度（mol}/l\text{）} = \frac{\text{溶質の物質量（mol）}}{\text{溶液の体積（}l\text{）}}$$

　たとえば，5.85 g の塩化ナトリウム（式量 58.5）を水に溶かして 1 l の溶液にすれば，0.1 mol/l 塩化ナトリウム溶液となる．

ppm・ppb：きわめて薄い濃度を表すときに，ppm（parts per million，100万分の1）やppb（parts per billion，10億分の1）という単位を使うことがある．

3.2 酸と塩基

3.2.1 酸と塩基

うすい塩酸や食酢，レモンのしぼり汁には酸味があり，青色リトマス試験紙を赤色に変えるなど，共通の性質がある．この性質を酸性といい，酸性を示す物質を酸（acid）という．

塩酸は，次のように電離して水素イオンH^+を生ずる．スウェーデンのアレニウス（S. Arrhenius, 1859～1927）は，水溶液中でH^+を生ずる物質を酸と定義した．

$$HCl \longrightarrow H^+ + Cl^-$$
$$\underset{酢酸}{CH_3COOH} \longrightarrow \underset{酢酸イオン}{CH_3COO^-} + H^+$$

また，水酸化ナトリウムの水溶液やアンモニア水には，赤色リトマス試験紙を青色に変えたり，酸と反応して酸性を打ち消すなど共通の性質がある．この性質を塩基性（アルカリ性）といい，塩基性を示す物質を塩基（base）という．

水酸化ナトリウムやアンモニア水は，水溶液中では，次のように電離して，水酸化物イオン（OH^-）を生じる．アレニウスは，水溶液中でOH^-を生じる物質を塩基と定義した．

$$NaOH \longrightarrow Na^+ + OH^-$$
$$\underset{アンモニア}{NH_3} + H_2O \longrightarrow \underset{\substack{アンモニウム \\ イオン}}{NH_4^+} + OH^-$$

酸の強弱：同じ濃度の塩酸と酢酸の水溶液について，酸の強さを比較すると，塩酸の方がはるかに強い．これは，酢酸よりも塩酸の方が，水に溶けた酸のうち，H^+と陰イオンに電離している割合が大きいからである．

電解質が電離している割合を電離度（degree of electrolytic dissociation）といい，次の式で表され，電離度の大きい酸を強酸，小さい酸を弱酸とよんでいる（表3.2）．

$$電離度\ \alpha = \frac{電離した電解質の物質量}{溶かした電解質の物質量}$$

塩基の強弱：同じ濃度の水酸化ナトリウムとアンモニアの水溶液について，塩基の強さを比較すると，水酸化ナトリウムの水溶液の方が強い．これもアンモニア水より水酸化ナトリウムの方の電離度が大きいからである（表3.2）．

酸と塩基の価数：酸の物質で，水素イオンになることのできる水素原子の数を酸の価数という．価数によって，1価の酸，2価の酸などに分類される（表3.3）．たと

表 3.2　1価の酸・塩基の電離度（25°Cにおける 0.10 mol/l の水溶液）

酸		電離度	塩　基		電離度
塩酸	HCl	0.99	水酸化ナトリウム	NaOH	0.91
硝酸	HNO$_3$	0.99	水酸化カリウム	KOH	0.91
酢酸	CH$_3$COOH	0.016	アンモニア水	NH$_4$OH	0.013

表 3.3　酸と塩基の価数

	価数	物　質　名	化学式		価数	物　質　名	化学式
酸	1価	塩酸 硝酸 酢酸	HCl HNO$_3$ CH$_3$COOH	塩基	1価	水酸化ナトリウム アンモニア水 （水酸化アンモニウム）	NaOH NH$_4$OH
	2価	硫酸 シュウ酸	H$_2$SO$_4$ (COOH)$_2$		2価	水酸化カルシウム 水酸化マグネシウム	Ca(OH)$_2$ Mg(OH)$_2$
	3価	リン酸	H$_3$PO$_4$		3価	水酸化鉄(III)	Fe(OH)$_3$

えば，塩酸は1価の酸で，硫酸は2価の酸という．

塩基の物質で，水酸化物イオンになることのできる水酸基（OH）の数を塩基の価数という．塩基も価数によって，1価の塩基，2価の塩基などに分類される（表3.3）．例えば，水酸化ナトリウムは1価の塩基で，水酸化カルシウムは2価の塩基という．

アレニウス後の酸・塩基の考え方：

（1）ルイスの酸・塩基．アメリカの物理化学者ルイス（G.N.Lewis, 1875-1946）は，電子対を受け取るものが酸，電子対を与えるものが塩基であると定義した（1916）．たとえば，塩酸（HCl）と水酸化ナトリウム（NaOH）との反応（中和反応（後述））で水（H$_2$O）が生成する場合，水素イオン（H$^+$）や水酸化物イオン（OH$^-$），水の構造における電子配置の様子を表してみると次のようになる．

$$H^+ + :\overset{..}{\underset{..}{O}}:H^- \longrightarrow H:\overset{..}{\underset{..}{O}}:H$$

H$^+$はOH$^-$から電子対を受け取り，OH$^-$はH$^+$に電子対を与えているから塩酸は酸であり，水酸化ナトリウムは塩基であるという考え方である．

（2）ブレンステッドの酸・塩基．デンマークの物理化学者ブレンステッド（J.N.Brønsted, 1879-1947）が提唱したもので，他の物質にプロトン（水素イオン，陽子）を与えるものを酸，プロトンを受け取るものを塩基と定義した（1922）．たとえば，塩酸（HCl）と水酸化ナトリウム（NaOH）との中和反応で水（H$_2$O）が生成する場合，塩酸はプロトンを水酸化ナトリウムからの水酸化物イオン（OH$^-$）に与えて水を生成するので塩酸は酸であり，一方，水酸化物イオンは塩酸からのプロトン

を受け取って水を生成するので水酸化ナトリウムは塩基であると考えるのである．

$$H^+ + OH^- \longrightarrow H_2O$$

3.2.2 電離平衡と電離定数

弱酸や弱塩基の水溶液では，電離していない分子と生成した陽イオンおよび陰イオンとが平衡を保っている．つまり，右へ進む反応（正反応）と左へ進む反応（逆反応）が，どちらの方向にも進まないように見えて，つり合っている状態で，これを電離平衡 (electrolytic dissociation equilibrium) という．酢酸を例に示すと次のようになる．

$$\underset{\text{電離していない酢酸}}{CH_3COOH} \rightleftarrows \underset{\text{酢酸イオン}}{CH_3COO^-} + \underset{\text{水素イオン}}{H^+}$$

この酢酸の電離平衡において，溶液中のそれぞれのモル濃度を $[CH_3COOH]$，$[CH_3COO^-]$，$[H^+]$ で表すと，電離平衡の電離定数 (electric dissociation constant) は次のようになる．電離定数 K は温度が変わらなければ一定で

$$\frac{[CH_3COO^-][H^+]}{[CH_3COOH]} = K$$

ある．

酸や塩基の電離の程度がわかれば，電離定数の値を計算で求めることができる．たとえば，0.01 mol/l の酢酸では，4.2％電離している．すなわち，4.2％の酢酸分子は電離し，95.8％は電離していない．電離した酢酸のモル数，電離していない酢酸のモル数は，

電離した酢酸のモル数：$0.01 \times 0.042 = 0.00042$

電離していない酢酸のモル数：$0.01 \times 0.958 = 0.00958$

となり，それぞれのモル濃度の値を電離平衡の式にあてはめて計算すると

$$CH_3COOH \rightleftarrows CH_3COO^- + H^+$$
$$0.00958 \text{ モル} \quad\quad 0.00042 \text{ モル} \quad\quad 0.00042 \text{ モル}$$

$$K = \frac{[CH_3COO^-][H^+]}{[CH_3COOH]} = \frac{(0.00042)(0.00042)}{0.00958}$$
$$= 0.0000184 = 1.84 \times 10^{-5}$$

となる．

3.2.3 水もわずかに電離している

酸も塩基も含まない純粋な水も，非常にわずかな H^+ と OH^- が含まれている．これは，水が次のように電離しているからである．

$$H_2O \rightleftarrows H^+ + OH^-$$

この式の H^+ は，単独の H^+ ではなく，その周りに水和したイオン（$H^+ + H_2O$）をヒドロニウムイオン（hydronium ion）またはオキソニウムイオン（oxonium ion）といい，次の式のようにも表される．

$$H_2O + H_2O \rightleftarrows \underset{\text{ヒドロニウムイオン}}{H_3O^+} + OH^-$$

式からわかるように，純粋な水の中の H^+ と OH^- は常に同じ数で，実測によると，H^+ と OH^- の濃度は 25°C において 1 l の水の中には，水素イオン濃度 $[H^+]$ も水酸化物イオン濃度 $[OH^-]$ もそれぞれ 1.0×10^{-7} mol 存在することが知られている．

$$[H^+] = [OH^-] = 1.0 \times 10^{-7} \text{mol}/l \quad (25°C)$$

水の中に酸を溶かすと，酸の濃度によって H^+ の濃度は増加するが，OH^- の濃度は減少する．これは，H^+ と OH^- との反応によって H_2O ができるためである．水の電離式についても，下記のような関係が保たれている．

$$\frac{[H^+][OH^-]}{[H_2O]} = \text{一定}$$

水 1 l（1000 g）中の H_2O のモル数は 55.6 で一定であるから，次のように書き変えられる．$[H^+][OH^-]$ を水のイオン積（ion product）といい，

$$[H^+][OH^-] = \text{一定} = 10^{-14} \quad (\text{mol}/l)^2$$

単位 $(\text{mol}/l)^2$ を省略して 10^{-14} と書くことが多い．この関係は，純水中だけでなく，酸性水溶液中でも塩基性水溶液中でも H^+ と OH^- は共存していて，両者のモル濃度の積は常に一定の値をとることを意味している．

たとえば，0.1 mol/l の塩酸では，$[H^+]$ は 10^{-1} mol/l で，$[OH^-]$ は 10^{-13} mol/l となる．0.01 mol/l の水酸化ナトリウム水溶液中では，$[OH^-]$ は 10^{-2} mol/l であり，$[H^+]$ は 10^{-12} mol/l となる．したがって，水溶液については，$[H^+]$ と $[OH^-]$ のどちらか一方がわかれば，他方の値もわかることになる（図 3.4）．

pH	0	1	2	3	4	5	6	7	8	9	10	11	12	13	14
$[H^+]$	1	10^{-1}	10^{-2}	10^{-3}	10^{-4}	10^{-5}	10^{-6}	10^{-7}	10^{-8}	10^{-9}	10^{-10}	10^{-11}	10^{-12}	10^{-13}	10^{-14}
$[OH^-]$	10^{-14}	10^{-13}	10^{-12}	10^{-11}	10^{-10}	10^{-9}	10^{-8}	10^{-7}	10^{-6}	10^{-5}	10^{-4}	10^{-3}	10^{-2}	10^{-1}	1

←―――― 酸性 ――――→ 中性 ←―――― 塩基性 ――――→

図 3.4 水溶液の pH と $[H^+]$（mol/l），$[OH^-]$（mol/l）との関係

3.2.4 水素イオン濃度と pH

水溶液中では，$[H^+]$ と $[OH^-]$ との積が一定であることから，酸性・塩基性の度合は，水素イオンの濃度 $[H^+]$ だけで表すことができる．ところが，水溶液中の水素イオンの濃度 $[H^+]$ を 0.0001 mol/l 濃度あるいは 1.0×10^{-4} mol/l 濃度のような

数値を使うと，数値は非常に広範囲に変化し数値を単位とともに使用すると，わかりづらく不便である．そこで，誰にでも簡単に使えるような，酸や塩基の濃度を表す方法をデンマークのセーレンセン（S.P.L.Sørensen, 1868-1939）によって提案された（1909）．すなわち，水素イオン濃度の数値の逆数をとり，その常用対数で表す方法である．

$$\mathrm{pH} = \log \frac{1}{[\mathrm{H^+}]} \quad ([\mathrm{H^+}] \text{ は mol}/l \text{ で表す}) \qquad \mathrm{pH} = -\log\,[\mathrm{H^+}]$$

これを，水素イオン指数いわゆる pH（ピーエイチあるいはペーハー）という．

水溶液の pH が 7 のときを中性といい，pH の数字が 7 より小さい場合を酸性，大きい場合を塩基性という（図3.4）．

たとえば，$0.01\,\mathrm{mol}/l$ の塩酸の pH を求めてみよう．$0.01\,\mathrm{mol}/l$ の塩酸水溶液中の HCl 分子はほとんどの分子が電離している（電離度 1.0）と考えれば，$[\mathrm{H^+}]$ は $0.01\,\mathrm{mol}/l$ と考えればよいので，

$$\mathrm{pH} = -\log\,[\mathrm{H^+}] = -\log\,[1.0 \times 10^{-2}] = -(-2) = 2$$

となり，$0.01\,\mathrm{mol}/l$ の塩酸の pH は 2 となり，酸性ということになる．

一方，$0.01\,\mathrm{mol}/l$ の水酸化ナトリウム水溶液の pH はどのくらいになるだろうか．$0.01\,\mathrm{mol}/l$ の水酸化ナトリウム水溶液の場合も，電離度 1.0 と考えれば，$[\mathrm{OH^-}]$ も $0.01\,\mathrm{mol}/l$ と考えてよいので，この溶液中の水素イオン濃度は，$[\mathrm{H^+}][\mathrm{OH^-}] = 10^{-14}$ の式から

$$[\mathrm{H^+}] = \frac{10^{-14}}{[\mathrm{OH^-}]} = \frac{10^{-14}}{10^{-12}} = 10^{-12}$$

$$\mathrm{pH} = -\log\,[\mathrm{H^+}] = -\log\,[1.0 \times 10^{-12}] = -(-12) = 12$$

となり，この水酸化ナトリウム水溶液の pH は 12 となり，塩基性ということになる．

指示薬と pH の測定：水溶液の pH によって，特有の色調を示す物質がある．たとえば，フェノールフタレインは酸性や中性の水溶液では無色であるが，塩基性の水溶液では赤色を呈する．このような物質を指示薬（indicator）という．指示薬には，いろいろな種類があり，指示薬の種類によって変色する pH の範囲があるので（この

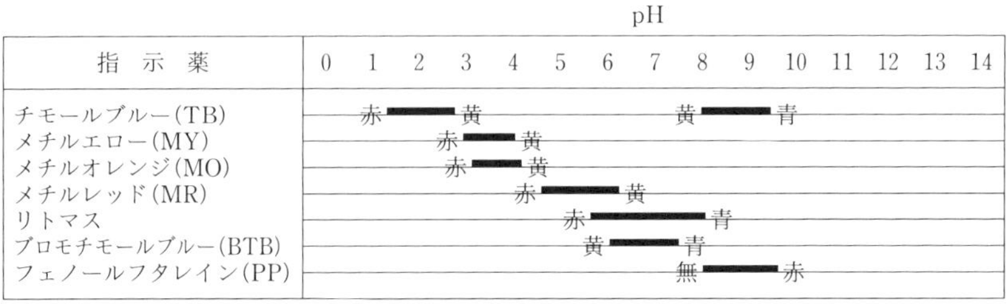

指示薬	pH 0 1 2 3 4 5 6 7 8 9 10 11 12 13 14
チモールブルー(TB)	赤━━黄　　　　　黄━━青
メチルエロー(MY)	赤━黄
メチルオレンジ(MO)	赤━黄
メチルレッド(MR)	赤━黄
リトマス	赤━━青
ブロモチモールブルー(BTB)	黄━青
フェノールフタレイン(PP)	無━━赤

図3.5　指示薬の変色域と pH との関係

範囲を変色域という，図 3.5）試料によって使い分けなければならない．
　pH の測定には，指示薬やそれを染み込ませてつくった pH 試験紙，いくつかの指示薬を組み合わせて，pH の広い領域で少しずつ変色するようにつくった万能 pH 試験紙を用いて色の変化から pH の値を知る．pH を正確に測定するには pH メーターを用いる．

実験 4．身近な水溶液の pH を調べてみよう

〔器具〕 ビーカー，pH 試験紙，pH 標準変色表，ピンセット，はさみ，ガラス棒など．

〔試料〕 レモン汁，食酢，醬油，炭酸飲料，牛乳，海水，せっけん水，石灰水，雨水，水道水，蒸留水．

〔操作〕 1 cm ほどの長さに切っておいた pH 試験紙をピンセットではさみ，ガラス棒に試料溶液をつけて pH 試験紙につけ，発色した色を pH 標準変色表の色に照らしあわせて pH の値を読む．

結果を pH の尺度にまとめてみよう．

実験 5．ムラサキキャベツ液とブドウジュースで，酸性・塩基性を識別できるか，試してみよう．

〔器具〕 試験管，試験管立，ビーカー，ガラス棒，ガスバーナー，三脚，金網，駒込ピペット，ゴムキャップ，ナイフ，pH 試験紙，pH 標準変色表，ピンセット，はさみなど．

〔試料〕 ブドウジュース（市販の 100％のもの），ムラサキキャベツ液（ムラサキキャベツの葉を細く切ってビーカーに入れ，蒸留水を加えて煮沸する．液が赤紫色になったら，別のビーカーに移し，しばらく静置して冷やす），pH 3～11 の水溶液（緩衝液）（作り方については，日本化学会編，「化学便覧」基礎編 II を参照）．

〔操作〕
1. 5 本の試験管にそれぞれ pH 3, 5, 7, 9, 11 の溶液を入れた後，駒込ピペットでムラサキキャベツ液を加えて，色の変化を観察してみよう．
2. 5 本の試験管にそれぞれ pH 3, 5, 7, 9, 11 の溶液を入れた後，駒込ピペットでブドウジュースを加えて，色の変化を観察してみよう．

これらの結果から，身近な植物からとった色素の液汁でも，おおよその pH をはかれることがわかる．

3.2.5　中和反応と塩の生成

　塩酸と水酸化ナトリウム水溶液を混ぜると，溶液中の H^+ と OH^- が反応して，互い

に酸性および塩基性が打ち消され水が生成する．このような反応を中和反応（neutralization reaction）という．反応式で表すと次のようになる．

$$\text{HCl} + \text{NaOH} \longrightarrow \text{H}_2\text{O} + \text{NaCl} \tag{3.1}$$

中和反応で，水とともに生成する物質を塩（salt）という．塩は水溶液中で電離して，水素イオンでない陽イオンと水酸化物イオンでない陰イオンに分かれる物質であるといえる．塩はまた，塩基の陽イオンと酸の陰イオンとが結合してできたものと考えることができる．

$$\text{NaCl} \longrightarrow \underset{\substack{\text{H}^+\text{でない}\\\text{陽イオン}}}{\text{Na}^+} + \underset{\substack{\text{OH}^-\text{でない}\\\text{陰イオン}}}{\text{Cl}^-} \tag{3.2}$$

反応式(3.1)で，反応物のHClとNaOH，生成物のNaClはほぼ完全に電離しているから，次のようにも表せる．この式で，Na^+とCl^-は反応

$$\text{H}^+ + \text{Cl}^- + \text{Na}^+ + \text{OH}^- \longrightarrow \text{H}_2\text{O} + \text{Na}^+ + \text{Cl}^-$$

前後で変化していないから削除し，変化している部分は次の式で表される．

$$\text{H}^+ + \text{OH}^- \longrightarrow \text{H}_2\text{O} \tag{3.3}$$

このように，イオンで表した化学反応式をイオン反応式という．

3.2.6 中和反応の量的関係

中和反応は，式(3.3)からもわかるように，H^+とOH^-の物質量が等しいときにちょうど中和する．

1価の酸，塩酸1 molは，1 molのH^+を出すことができる．また，1価の塩基，水酸化ナトリウム1 molは，1 molのOH^-を出すことができる．したがって，塩酸1 molは水酸化ナトリウム1 molを中和することができる．

一般に，c (mol/l) 濃度のn価の酸の水溶液v (ml) とc' (mol/l) 濃度のn'価の塩基のv' (ml) がちょうど中和するとする．このとき，酸から生じたH^+は$ncv/1000$ mol，塩基から生じたOH^-は$n'c'v'/1000$ molであり，式(3.4)が成り立ち，式(3.5)のようになる．

$$ncv/1000 = n'c'v'/1000 \tag{3.4}$$
$$ncv = n'c'v' \tag{3.5}$$

式(3.5)は，同じ価数の酸と塩基では，同じモル濃度の酸と塩基の溶液は等量で中和することができることを示している．

中和滴定：式(3.5)の中和反応の量的関係を利用して，濃度未知の酸または塩基の水溶液の濃度を既知濃度の塩基または酸の水溶液との反応量から求めることができる．この方法を中和滴定法という．

── 実験6．食酢の中の酢酸の量を求めてみよう ──────────
〔試薬〕 0.1 mol/l 水酸化ナトリウム水溶液（100 ml），食酢（ホールピペットと

メスフラスコを使って，市販の食酢を10倍に希釈し，試料とする），フェノールフタレイン指示薬．

〔器具〕 コニカルビーカー（100 ml），ホールピペット（10 ml），メスフラスコ（100 ml），ビュレット，ビュレットばさみ，スタンドなど．

〔操作〕
1. 0.1 mol/l 水酸化ナトリウム水溶液をビュレットに入れ，液面を 0 ml に合わせる．
2. ホールピペット（10 ml）を用いて，10倍に希釈した食酢 10 ml をコニカルビーカーにとる．
3. この試料溶液に，フェノールフタレイン指示薬を2滴を加える．
4. 次に，0.1 M 水酸化ナトリウム水溶液をビュレットから注意深く試料中に滴下し，よく撹拌する．滴下を続けていくと，液の色が，無色から薄いピンク色に変わってくる．この変色点が，中和反応の終点である．反応に要した水酸化ナトリウム水溶液の量をビュレットの目盛から読み取る．

〔結果〕 実験の結果をまとめてみよう．実験に使用した10倍希釈の食酢の試料の量は 10 ml，水酸化ナトリウム溶液の濃度は 0.1 mol/l，中和に要した 0.1 mol/l 水酸化ナトリウム水溶液の量の結果も出たので，式(3.5)から，10倍希釈した試料中の酸（酢酸）のモル濃度を求めることができる．さらに，希釈する前の市販の食酢中の酢酸のモル濃度とパーセント濃度も求めることができる．

3.3 金属のイオン化傾向と電池

3.3.1 金属のイオン化傾向

金属が酸に溶けたり，酸素と反応したりすることは，よく知られている．

─ 実験7．亜鉛および銅は，塩酸に溶けるだろうか ─

〔試薬および金属〕 塩酸，亜鉛，銅．
〔器具〕 試験管，試験管立．
〔操作〕 2本の試験管に 2 M 塩酸をとり，一方の試験管には亜鉛（Zn）の小片を，他方の試験管には銅（Cu）の小片を入れて，その反応を観察してみよう．

銅は変化しないが，亜鉛は塩酸に溶けて水素ガスを発生する．亜鉛と塩酸の反応の過程を考えてみると，塩酸は H^+ と Cl^- に電離し，Zn は電子2個を放出して（電子を失うことを酸化（oxidation）という）Zn^{2+} となり，塩酸が電離して生じた $2H^+$ は，電子を取り入れて（電子を得ることを還元（reduction）という）水素ガスとなる．

$$HCl \longrightarrow H^+ + Cl^-$$
$$Zn \longrightarrow Zn^{2+} + 2e^-$$
$$2H^+ + 2e^- \longrightarrow H_2\uparrow$$

この反応をまとめると，次のようになる．
$$Zn + 2HCl \longrightarrow ZnCl_2 + H_2\uparrow$$

このように，酸化と還元は同時に起こる．

水溶液中で，金属が電子を失って陽イオンになるなりやすさの性質を金属のイオン化傾向（ionization tendency）という．金属の種類によってイオン化傾向が異なり，この大きさの順に並べた序列を金属のイオン化列という．水素は非金属であるが，陽イオンになるのでイオン化列に含めている．一般的には，下記のように，16種の元素をイオン化列にまとめているが，

$$K>Ca>Na>Mg>Al>Zn>Fe>Ni>Sn>Pb$$
$$>(H_2)>Cu>Hg>Ag>Pt>Au$$

金属間で序列をつけにくい部分もあることから，次の10種の元素に減らす方がよいという考え方もある（渡辺 正，化学と教育，44，593（1996））．

$$Na>Mg>Al>Zn>Fe>Pb>(H_2)>Cu>Ag>Au$$

3.3.2 金属のイオン化列と反応性

アルカリ金属（K，Naなど）やアルカリ土類金属（Ca，Mgなど）は，イオン化傾向がきわめて大きく，電子を失いやすい．したがって，常温でも空気中で酸化されやすく，常温の水と反応して水素ガスを発生する．
$$2Na + 2H_2O \longrightarrow 2NaOH + H_2\uparrow$$

イオン化傾向がNaよりも小さく，H_2より大きいZn，Feなどの金属は常温の水とは反応しないが，希塩酸や希硫酸に溶け，水素ガスを発生する．
$$Fe + 2HCl \longrightarrow FeCl_2 + H_2\uparrow$$
$$Zn + H_2SO_4 \longrightarrow ZnSO_4 + H_2\uparrow$$

イオン化傾向がH_2よりも小さいCu，Hg，Agなどの金属は，希塩酸などには溶けないが，酸化力の強い熱濃硫酸や硝酸とは反応して溶ける．
$$Cu + 2H_2SO_4(熱) \longrightarrow CuSO_4 + SO_2\uparrow + 2H_2O$$
$$Cu + 4HNO_3(濃) \longrightarrow Cu(NO_3)_2 + 2NO_2\uparrow + 2H_2O$$

Pt，Auなどは，今までに述べた酸には溶けないが，王水（濃硝酸と濃塩酸を体積比で1：3の割合に混合したもので，酸化力が強い）とは反応して溶ける．

3.3.3 電池のしくみ

金属が酸などの水溶液に溶け込む反応では，金属原子は電子を放出して酸化され陽イオンになる．この放出される電子を取り出して，化学反応のエネルギーを電気のエネルギーに変える装置が電池である．

ボルタ電池：ボルタ電池は，イタリアの物理学者ボルタ（A. Volta，1745-1827）が，2種の金属を硫酸などの電解質溶液に浸けると，両金属の間に電位差ができることを発見し(1799年)，電池の原理を確立した．電圧の単位ボルト（volt）は彼にちなんだものである．希硫酸にZn板とCu板を離して浸けると，イオン化傾向はZnがCuより大きいから，Znは電子（e^-）を放出してZn^{2+}となり希硫酸に溶ける．放出された電子は，溶液中のH^+に移動し，H_2となってZn板の方から発生する．Cu板はほとんど変化は起こらない（図3.6左）．

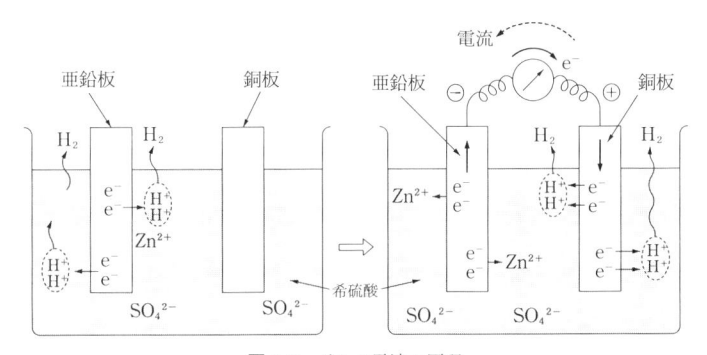

図3.6 ボルタ電池の原理
（磯 直道，冨田 功，ケミストリー ―図説とデータ―，p.121，東京教学社（1988））

Zn板とCu板を導線でつなぐと，Znの中の電子は，溶液中のH^+と結合するよりも導線の方が通りやすいので，導線を伝わってCu板の方へ移動し，Cu板の表面からH_2が発生する（図3.6右）．イオン化傾向の大きい極が負極で，小さい金属が正極となり，この場合は，Zn板が負極で，Cu板が正極となる．

$$\text{Zn板（負極）} \quad Zn \longrightarrow Zn^{2+} + 2e^- \quad \text{（酸化反応）}$$

$$\text{Cu板（正極）} \quad 2e^- + 2H^+ \longrightarrow H_2 \quad \text{（還元反応）}$$

電流は，正極から負極へ流れる（これを放電（discharge）という）ので，電子の流れと逆の向きになる．正極では還元反応，負極では酸化反応が起こっている．このような反応で電流を取り出す装置がボルタ電池である．正極と負極との電位差を起電力（electromotive force）といい，ボルタ電池では約1.1ボルト（記号V）である．

ボルタ電池は放電すると，正極で発生したH_2がCu板をおおい短時間で起電力が低下する．このような現象を分極（polarization）という．電池として使っていない

ときでも Zn は硫酸に溶けてしまうので保存ができず実用にはならない．

ダニエル電池：イギリスの化学者ダニエル（J.F.Daniell，1790-1845）が考案した電池である（図3.7）．硫酸銅（II）（$CuSO_4$）の水溶液を入れた素焼きの容器に銅（Cu）板を入れ，この容器と亜鉛（Zn）板を硫酸亜鉛（$ZnSO_4$）の水溶液に入れ，両金属板を導線でつなぐと銅板から亜鉛板に電流が流れる．これがダニエル電池であ

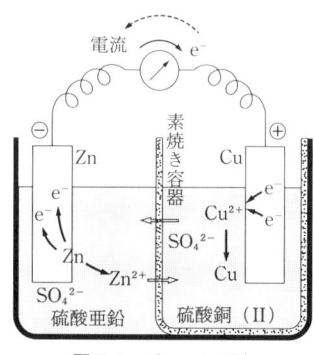

図3.7 ダニエル電池

る．この電池の起電力は約1.1Vで，電流を流しても，しばらくは両極間の電位差が1.1Vから大きく下がることはない．放電すると，負極のZn板および正極のCu板ではそれぞれ次のような変化が起こる．このとき，正極ではCuが析出し，H_2による分極は起こらない．

負極（Zn板）： $Zn \longrightarrow Zn^{2+} + 2e^-$ （酸化反応）

正極（Cu板）： $Cu^{2+} + 2e^- \longrightarrow Cu$ （還元反応）

このように，負極物質，正極物質および電解液（電解質を溶かした水溶液）の組合せによって，いろいろな種類の電池をつくることができる．

3.3.4 一次電池と二次電池

日常よく使われているマンガン電池のように，一度使いきってしまうと，もはや起電力を回復できない電池を一次電池という．一方，自動車などに広く使用されている鉛蓄電池は，放電を続けて起電力が低下しても，放電した電池の負極と正極を，それぞれ外部電源の負極と正極に接続して放電とは逆向きに電流を流すと，放電のときの逆反応が起こって起電力を回復することができる．これを充電（charge）という．充電が可能な電池を二次電池または蓄電池ともいう．

マンガン電池：乾電池は電解液をのり状にして密封し，取り扱いやすく運びやすい便利な形にした実用電池である．最もよく使われる乾電池にマンガン電池がある．炭素棒を正極端子（酸化マンガン（IV）（MnO_2）を正極）とし，亜鉛容器を負極として

3.3 金属のイオン化傾向と電池   47

電解液の塩化アンモニウム（NH_4Cl）をデンプンでのり状にして内容物がもれないように作られている（図3.8）．乾電池の起電力は約1.5Vである．

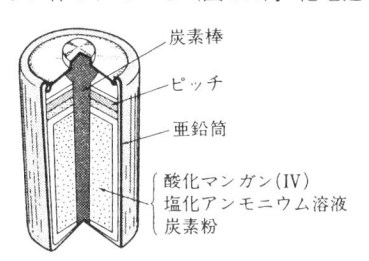

図3.8 マンガン乾電池の構造
（磯　直道，冨田　功，ケミストリー ―図説とデータ―，p.122，東京教学社（1988））

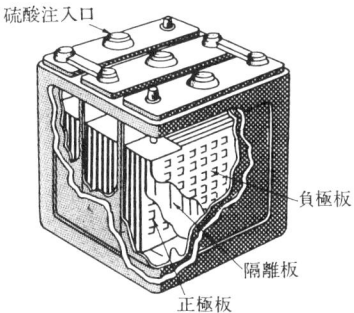

図3.9 鉛蓄電池の構造
（磯　直道，冨田　功，ケミストリー ―図説とデータ―，p.123，東京教学社（1988））

鉛蓄電池：最もよく使われている二次電池に鉛蓄電池がある．この電池の構造を図3.9に示した．鉛蓄電池は，希硫酸（H_2SO_4）中に鉛（Pb）の極板と酸化鉛(IV)（PbO_2）の極板をひたした構造になっており，起電力は約2.0Vである．放電の際，両極では次のような反応が起こる．

負極　　$Pb + SO_4^{2-} \longrightarrow PbSO_4 + 2e^-$
正極　　$PbO_2 + 4H^+ + SO_4^{2-} + 2e^- \longrightarrow PbSO_4 + 2H_2O$

放電を続けると，両極板の表面が水に溶けにくい硫酸鉛(II)（$PbSO_4$）でおおわれてきて，希硫酸の濃度が減少し，次第に起電力が低下する．充電すると放電のときの逆反応が起こり，起電力が回復する．鉛蓄電池の放電と充電の反応は次のようにまとめられる．

$$Pb + PbO_2 + 2H_2SO_4 \underset{充電}{\overset{放電}{\rightleftharpoons}} 2PbSO_4 + 2H_2O$$

現在では，コードを使わない家庭電化製品や時計，カメラ，電卓などには小型で出

表3.4　いろいろな電池

電池の種類	負極	電解質	正極	起電力	形状	用途
一次電池						
アルカリマンガン電池	Zn	KOH(NaOH)	MnO_2	1.5 V	円筒，ボタン	ラジカセ　ほか
酸化銀電池	Zn	KOH(NaOH)	Ag_2O	1.55 V	ボタン	カメラ　ほか
リチウム電池	Li	有機溶媒と金属塩	MnO_2	2.9 V	ボタン	電子腕時計ほか
燃料電池	H_2	KOH	O_2	1.0 V		宇宙開発用ほか
二次電池						
Ni-Cd電池	Cd	KOH	Ni_2O_3	1.2 V	直方体，円筒	VTR　ほか

力の大きい電池が要求されており，いろいろな種類の電池が開発されている（表3.4）．

【演習問題】

3.1 次の用語について，例もあげて説明せよ．
1) 溶液，2) 電解質，3) 溶解度，4) モル濃度，5) 酸，6) 塩基，7) pH，8) 中和，9) 酸化，10) 還元．

3.2 水酸化ナトリウム（NaOH）（式量40）8.0 g を水に溶かして，200 ml の水溶液を作った．この水溶液のパーセント濃度とモル濃度を求めよ．

3.3 ホウ酸は，60℃のとき，水100 g に 14.9 g 溶かすことができる．60℃の飽和溶液200 g は何 g のホウ酸を含むか．

3.4 60℃の硝酸ナトリウムの飽和水溶液100 g がある．この水溶液を20℃に冷却すると，硝酸ナトリウムの結晶が何 g 析出するか．ただし，60℃，20℃における溶解度をそれぞれ124 および 88 とする．

3.5 0.1 mol/l 水酸化ナトリウム 500 ml の作り方の手順を箇条書きにまとめよ．

3.6 0.01 mol/l の酢酸水溶液 1.0 l 中に水素イオンが 4.2×10^{-4} mol/l 存在した．この酢酸の電離度を求めよ．

3.7 0.01 mol/l の塩酸中の水酸化物イオンの濃度を求めよ．温度は25℃，塩酸の電離度は1とする．

3.8 pH が 2 の塩酸溶液を100倍に希釈した溶液の pH の値はいくらになるか．

3.9 次の各酸と塩基の中和を反応式で示せ．
1) 塩酸と水酸化ナトリウム
2) 酢酸と水酸化ナトリウム
3) 硫酸と水酸化カルシウム
4) 硫酸と水酸化ナトリウム
5) 硝酸と水酸化カルシウム

3.10 濃度未知の硫酸 10 ml を中和するのに，0.10 mol/l の水酸化ナトリウム水溶液 18 ml を要した．この硫酸のモル濃度を求めよ．

3.11 次にあげた溶液と金属の組合せで変化の起こるのはどれか．変化の起こる場合は変化の様子と反応式で示せ．
1) 硫酸銅(II)水溶液と亜鉛
2) 硫酸亜鉛水溶液と銅
3) 硝酸銀水溶液と銅

4

身の回りの物質

　身の回りにはいろいろな製品があふれている．その製品がどんな物質からできているかを考えてみると，化学に無関係な製品はほとんどない．この章では身の回りの多くの製品の素材となっているガラスとプラスチックと金属を化学的視点から眺めてみる．

4.1　ガ ラ ス

4.1.1　ガラスの状態

　ある物質が「どんな状態で存在しているか」と聞かれれば，気体（gas），液体（liquid），固体（solid）のいずれかを答えるであろう．食塩は固体であり，食卓塩をルーペで見れば立方体あるいはそれに近い形であることがわかる．食塩の固体は，結晶（crystal）からできている．ガラスを細かく砕いてルーペで調べてみよう．

―― 実験1．ガラスを観察する ――
1. 窓ガラスあるいはガラス管などの無色透明なガラスの小片を，厚手の紙にはさみ，金槌でたたいて粉末状にして，ルーペで観察する．
2. 食塩をルーペで観察し，ガラス粉末と比較する*．
3. ビール瓶などの着色ガラスを，同様に粉末状にし，色を観察する．

---

* 市販食塩を用いた場合にも，立方体に近い結晶が観察できるが，形が崩れた結晶が多い．飽和食塩水にエタノールをスポイトで1滴ずつ加えていくと，小さいがきれいな結晶を得ることができる．肉眼でも形がわかる大きさの結晶を得るには，液体拡散法により食塩を再結晶する（長谷川　正，化学と教育，**41**，44（1993））．

　無色透明のガラスを細かく砕くと，白い粉末が得られる．無色から白色に"変化"

しているが，物質が変わったわけではない．無色と白色を区別する人がときどきいるが，白色というのは無色というのと同じことで，どちらも色が着いていないということを意味している．目で見たとき違って見えるのは，物質の表面が違うために，光の反射の割合が異なるからである．透明なものは反射が少なく，白く見えるものはほとんどの光を反射している．物質を細かくすると，乱反射するために光が反射する割合が増え，白く見えるようになる．茶色いビール瓶などの着色ガラスを細かくすると，色は着いているが白色に近くなる．

　食塩の結晶に比べると，ガラス粉末は形がさまざまで整っていない．これは，ガラスは固体であるが，結晶ではなく非晶質（無定形）状態となっているためである．ガラスは，酸化ケイ素（silicon dioxide）の網目状構造の中にアルカリ金属（alkali metal）やアルカリ土類金属（alkaline-earth metal）などが部分的に入った構造をしているが，原子・イオンの配列は長距離的秩序をもたず，構造上液体に似ている．そこで，ガラスのような状態のものを固溶体（solid solution）ともいう．ガラス内部で結晶が析出すると，失透といわれる現象が起こる．SiO_2だけのガラスは，耐薬品性は強いが，硬くて成形加工しにくい．Na^+やCa^{2+}や酸素を加えると，構造が弱くなり軟化温度が下がる（表4.1）．

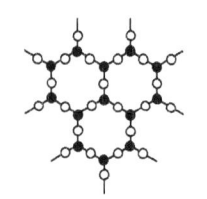

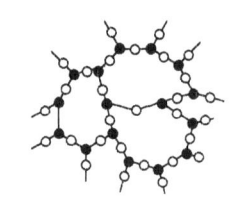

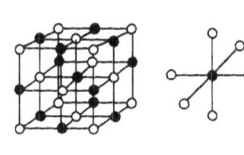

SiO₂の結晶　　　　　ガラス状態　　　　　食塩の結晶

図4.1　結晶とガラス状態の模式図

表4.1　ガラスの種類と用途

ガラスの種類	比重	線膨張率 $\times 10^{-7}$	軟化温度 (℃)	主成分	用途
石英ガラス	2.20	5.5	1650	SiO_2 >99.5	理化学用紫外線透過ガラス（レンズなど）
バイコールガラス	2.18	8	1500	SiO_2 96	同上
ソーダ石灰ガラス	2.5	85	730	SiO_2-Na_2O-CaO 70-15-10	窓ガラス，瓶，容器
鉛アルカリガラス	2.85	91	626	SiO_2-K_2O-PbO 63-6-21	クリスタルガラス
ホウケイ酸ガラス（パイレックスガラス）	2.23	32	820	SiO_2-Na_2O-B_2O_3 80-4-13	耐熱容器，理化学用ガラス

4.1.2 ガラスの製法

ガラスの種類によって混合する化合物が異なるが，ソーダ石灰ガラスの場合は，ケイ砂（ガラスの原料となる石英を主とする砂で，SiO_2 を 90 % 以上含み，他に長石，磁鉄鉱などを含む．日本では愛知県瀬戸地方で産する），ソーダ灰（炭酸ナトリウム Na_2CO_3 の工業的慣用名），石灰石（CaO が主成分）などを粉砕して混合し，融解炉に入れて 1400〜1500℃ に加熱して融解する．溶融する際，工業的には，原料混合物にくずガラスが混合される．溶融物は，板や瓶などに成形される．色ガラスを作るには，一般に，金属の酸化物や硫化物が着色剤として加えられている．

表 4.2 ガラスの色と着色剤

色	赤	橙	黄	褐色	黄緑
着色剤	Au, Cu, Sb_2S_3, CdS・CdSe	多硫化物, CdS・CdSe	Fe_2O_3, Cr_2O_3, CdS, Ag	多硫化物, $MnO+Fe_2O_3$	UO_3, V_2O_5
色	緑	青	紫	灰〜黒	
着色剤	Cr_2O_3, Fe_2O_3+FeO	CoO, FeO, CuO	Mn_2O_3, Nd_2O_3	$NiO+UO_3+Mn_2O_3+CuO+Fe_2O_3$, Fe_3O_4, FeS, Pt, Ir	

ガラスを工業的に作るときに，くずガラスが利用されているように，ガラス製品を融かせば再生可能である．しかし，着色剤を入れたガラスの色は，ガラスを加熱して融かしても消すことができない．製品の保存に適した色ということがあるだろうが，再生利用の道を広げるために，われわれ消費者も "色" ガラスに対する理解が必要だろう．

4.1.3 ガラスの性質

――実験 2．ガラス管を折る・伸ばす――

1. 直径 8 mm の軟質ガラス管（普通に実験に用いるガラス管で，ソーダ石灰ガラスからなる）とパイレックスガラス管の切り口を透かして見，色を観察する．
2. この軟質ガラス管をヤスリで 2〜3 回こすり，長さ 2 mm ぐらいの傷をつける．
3. 傷の反対側に両手の親指がくるようにし，両手の親指の先が触れ合うくらいに間隔を空けないようにして持ち，親指で押すように軽く力を入れてガラス管を長さ 15 cm ぐらいに折る．軽く力を入れても折れなかったら，ヤスリの傷を少し深くして，もう一度やり直す．
   （けがに注意）折ったガラス管の先は，かみそりの刃のように鋭角となっている．
4. ヤスリの平らな面を折ったガラス管の縁に斜めに当て，軽くこすって面取りをする（図 4.2 参照）．

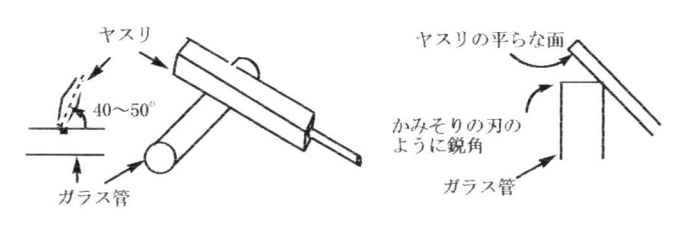

図 4.2 ヤスリ/面取り

5. このガラス管をゆっくりと回しながら，その中央部を十分空気を入れたガスバーナーの強い炎で加熱する．ガラス管が炎の中にある間は，引っ張らないように注意する．
6. ガラスが軟らかくなったら，炎から出してゆっくりと左右に引っ張って両手が広がるくらい伸ばす*．
7. 細くなった部分を手で折り，先端を水の中に入れてみる**．
   (ヤケドに注意) 加熱したときのガラスの赤みが消え，見た目には加熱する前と変わらなくなってもすぐにはガラスは冷めないので，触るとやけどをする．細くなった部分は，引き伸ばした後すぐに触っても，やけどの心配はない．
8. 同様にパイレックスガラス管を加熱して伸ばしてみる．

* あまり速く引っ張ると，両手を伸ばした長さになる前にガラスが切れてしまうことがあるが，遅すぎると十分伸びる前に冷えて硬くなってしまう．伸ばすのを 20 cm ぐらいにして，冷えてから細くなった部分をアンプルカッターで傷をつけて折れば，スポイトを作ることができる．
** 毛管現象で水が上がってくることから，ガラス管が細くなってもふさがっていないことがわかる．毛細管をキャピラリーともいう．

　2種類のガラス管は，見た目はほとんど変わらないが，透かして見ると軟質ガラス管は薄緑色，パイレックスガラス管は淡黄色に見え，加熱して伸ばしてみると性質の違いがよくわかる．ブンゼンバーナーの外炎部の温度は 1600°C ぐらいになるが，パイレックスガラスを十分軟らかくして細工できるようにするには火力が不足しており，パイレックスガラスの細工には，酸素を供給できるようにしたバーナーを用いる．

　軟質ガラスとパイレックスガラスを加熱して軟らかくして接続しても，熱膨張率が異なる（表 4.1 参照）ため，冷えてくると接続部からひびが入り割れてしまう．

4.1.4　ファインセラミックス

　ガラスのように鉱物原料をそのままあるいは加工して，窯で焼成，溶融などの加熱

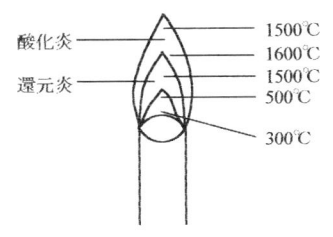

図 4.3　ガスバーナーの炎の温度

処理を工程の中核とする工業を窯業（ceramic industry）という．ガラス，セメント，陶磁器，ほうろう，耐火れんがなど天然に得られる無機非金属原料を主構成物質として焼き固めて作った窯業製品は，一般にセラミックスといわれる．これに対して，人工的に得られた高純度の無機化合物を微粉末にして焼結した窯業製品をファインセラミックス（fine ceramics）という．微粉末を焼結すると，隣り合った粒子どうしが融合して次第に大きな結晶粒子の集合体となり，粒子間の隙間が小さくなり光の透過性も良くなる．ファインセラミックスは，従来のセラミックスに比べ硬度や強度が大きく，耐熱性，耐摩擦性，耐腐食性，電気絶縁性に優れており，工具やエンジンなどに用いられているエンジニアリングセラミックス，電子部品やセンサーなどに用いられているエレクトロセラミックス，人工歯，人工骨などに用いられているバイオセラミックスなどがあり用途が広い．ファインセラミックスの原料は，酸化アルミニウム（Al_2O_3，mp 2050℃），炭化ケイ素（SiC，mp 2700℃以上，炭素粉末と粘土粉を強熱して作る），窒化ケイ素（Si_3N_4，1800〜1900℃で分解，ケイ素を窒素中で1450℃に加熱して作る）などが主であり，これらのほかにベリリウム，ジルコニウム，チタン，ホウ素などの化合物も多く用いられている．

4.2　合成高分子化合物

4.2.1　プラスチック

分子量（molecular weight）が 10,000 を超えるような大きな分子量をもつ有機化合物（organic compound）のことを高分子化合物（polymer）という．天然に存在する高分子化合物には，ゴム（rubber）やセルロース（cellulose）やタンパク質（protein）などがある．身の回りの製品には，プラスチック製品がたくさんあり，人工的につくった合成高分子化合物は日常生活と密接な関係がある．

プラスチック（plastics）は，合成樹脂（synthetic resin）ともよばれる．これは，1904 年にベークランドがフェノール（phenol）とホルムアルデヒド（formaldehyde）から，合成した有用な材料となる高分子化合物（フェノール樹脂（ベークラ

イト；bakelite))の外観が天然樹脂である"松やに"に似ていたためである．その後，尿素（urea）とホルムアルデヒドからも食器などの材料となる高分子化合物ができ，さらに，塩化ビニル（vinyl chloride）やスチレン（styrene）からも高分子化合物ができることが見出された．これらもいろいろな製品の材料となりうる点では合成樹脂とよんでよいが，もはや"松やに"とは似ていないので，合成樹脂というよりはプラスチックということが多い．塩化ビニルから合成される高分子化合物をポリ塩化ビニル（polyvinyl chloride）といい，原料となる塩化ビニルは単量体（monomer）といわれる．"poly-"というのは，"多くの"という意味の接頭詞である．

合成高分子化合物は，合成繊維（synthetic fiber），合成ゴム（synthetic rubber），接着剤（adhesives），塗料（paint）などにも利用されているが，これらは慣例としてプラスチックとはよんでいない．プラスチックという言葉は，合成高分子化合物を原料として作られた固体の総称として使われている．しかし，最近は，リサイクルが強調され，プラスチック製品である清涼飲料水用のペットボトルを原料として，シャツやじゅうたんが作られているので，用語の厳密な定義はあまり意味がないだろう．

表4.3を見るとわかるように，プラスチック製品といってもその原料は多岐にわたっている．また，同じような食品包装用ラップでも，ポリエチレン（polyethylene）製もあるしポリ塩化ビニルやポリ塩化ビニリデン（polyvinylidene chloride）からできているものもある．塩素を含んだプラスチック製品は，燃やすと有毒な塩化水素ガスを発生し，極微量のダイオキシン類（dioxines）を発生する危険性もある．ダイオキシン類とは，ポリ塩化ジベンゾ-p-ジオキシン（PCDD）とポリ塩化ジベンゾフラン（PCDF）の総称であり，PCDDには75種類，PCDFには135種類の異性体（isomer）が存在する．ダイオキシン類は，ホルモンバランスを変化させ内分泌の撹乱因子となる環境ホルモン（environmental hormones）のひとつとされているので，ごみ焼却炉からそれを発生させない方法が研究されている．使用後のプラスチック製品は，再利用できる製品も多いので，きちんと分別してリサイクルに協力すべきである．

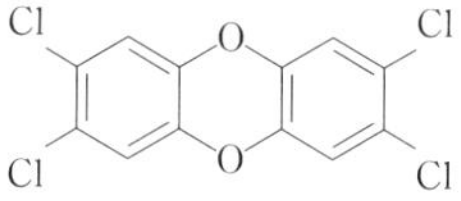

2,3,7,8-テトラクロロジベンゾ-p-ジオキシン

図4.4 ダイオキシンの例

ペットボトルの底や帯には，それがポリエチレンテレフタレート（polyethylene terephthalate）からできていることを示すPETという記号とともに，リサイクル可能製品であることを示すマークが描かれている．図中の番号によりプラスチックの種類が示されているが，記号も添えられている．othersというのは1〜6以外のプラ

表4.3 主なプラスチック，合成繊維，合成ゴム製品とその原料

高分子化合物名	記号	原料（単量体）	製品例*
ポリエチレン	PE (HDPE, LDPE)**	$CH_2=CH_2$	食品包装用ラップ，ショッピングバッグ，ポリバケツ，油性サインペンの胴，ポリ試薬瓶，ロープ，ネット
ポリプロピレン	PP	$CH_3-CH=CH_2$	食器保存用容器，ストロー，洗面器，ランチボックス
ポリスチレン	PS	$Ph-CH=CH_2$	カセットテープのケース，フロッピーディスクのケース，コップ，パッキング材，魚箱（トロ箱）
ポリ塩化ビニル	PVC	$CH_2=CHCl$	工業用ビニールシート，レコード盤，テーブルカバー，イチゴパック，定規，スリッパ，電気コード被覆，水道管，配水管，食品包装用ラップ，卵ケース，
ポリ塩化ビニリデン	PVDC	$CH_2=CCl_2$	食品包装用ラップ，人工芝
ポリエチレンテレフタレート	PET	$CH_3OCO-C_6H_4-COOCH_3 + HOCH_2CH_2OH$	炭酸飲料水用容器（ペットボトル），醤油の容器，カセットテープのケース，フロッピーディスクのケース，磁気テープ，写真フィルム，OHPシート，トレーニングウェア
ポリウレタン	PUR	$O=C=N-(CH_2)_n-N=C=O + HO(CH_2)_nOH$	断熱材，マットレス，ソファのスポンジ，梱包材，シューズの底
ポリアクリロニトリル	PAN	$CH_2=CHCN$	毛糸
アクリル樹脂	PMMA	$CH_2=CHCOOCH_3$	メガネレンズ，自動車のテールランプカバー，計器盤カバー，温室ガラス，水槽パネル，光学繊維
エポキシ樹脂	EP	多価アルコール + エピクロルヒドリン	ギターのピック，テニスラケットのフレーム
フェノール樹脂	PE	フェノール類 + HCHO	厨房器具（盆，皿，椀，箸）
アクリロニトリル-（-ブタジエン）スチレン樹脂	AS (ABS)	$CH_2=CHCN + (CH_2=CH-CH=CH_2) + Ph-CH=CH_2$	歯ブラシの柄,ヘアブラシの柄,パソコンやプリンターの外枠,扇風機・ヘアドライヤーなどの家電製品,フロントグリル・インストルメントなどの車両部品
スチレン-ブタジエンゴム	SBR	$Ph-CH=CH_2 + CH_2=CH-CH=CH_2$	自動車のタイヤ，ガスホース，振動ゴム，風船，パッキング，スーパーボール，ゴム栓，ピペット，履物，工業用ベルト

* 河原井信幸，山本 宏，化学と教育，**40**，330（1992）．
** HDPE：高密度ポリエチレン，LDPE：低密度ポリエチレン．

スチックであることを示している．

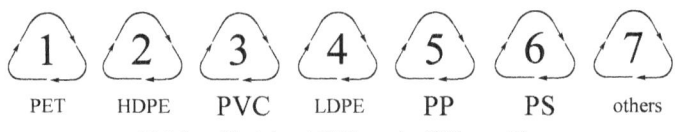

図4.5　プラスチック識別マーク（SPIコード）

実験3．食品包装用ラップの種類を見分ける

1. 銅線（コンセントを作る要領で，ビニルコードのビニルをとり中の銅線をよじったものでも代用できる）を，ガスバーナーの酸化炎の部分で緑色の炎が出なくなるまで加熱する．
2. 銅線が熱いうちに，食品包装用ラップを銅線につける．ラップが融けて銅線に付着する．
3. ガスバーナーの酸化炎の部分に入れて加熱する．塩素が含まれていると，炎が緑色になる．

上の実験は，バイルシュタイン試験（Beilstein test）といわれる有機化合物一般に対して行うことのできるハロゲン検出法の一つである．食品包装用ラップは，ポリエチレンのように塩素を含んでいないものもあるので，その場合には緑色の炎は見られない．実験を行うときは，数種類のラップを用意しておくとよい．

プラスチックは，有機化合物であるので有機溶媒に溶けるものもあるが，耐水性や耐薬品性は一般によい．

実験4．プラスチックの耐薬品性を調べる

1. 発泡スチロール（ポリスチレン中に気泡ができるように成形したもの）を細かくちぎり，ガラス板の上に置く．
2. 食品包装用ラップ，塩化ビニルシートなどを小さく切ったものもガラス板上に置く．
3. 酢酸エチル1滴をそれぞれの上にたらし，変化を調べる．
4. ペットボトルを逆さにして，底に酢酸エチルを1滴たらし変化を調べる．

プラスチックはその原料によって燃焼性が異なるので，燃焼性からプラスチックをある程度予想できる．

実験5．プラスチックの燃焼性を調べる

1. 表4.3を参考にして，身近な製品のなかからPE, PP, PET, PVC, PVDC, PS, ABSとナイロン製の製品の小片（幅1cmぐらい，長さ5cmぐらい）を集める（全部でなくてもよいが，種類は多い方がよい）．

2. ブンゼンバーナーの炎を無色の小さな炎とし，これに集めたプラスチックの小片をピンセットではさんで，プラスチックの先のみを炎の中に入れて燃焼性を観察する．このとき，次の点に着目せよ．
① プラスチックの小片が炎を出して燃えるか否か．
② ブンゼンバーナーの炎の中から出してもまだ燃焼を続けるか否か．
③ 炎の色や，煙やすすが出るか否か．
④ 軟らかくなり，融けてたれるか否か．
⑤ 炎から出したとき臭いがするか否か．炎から出しても燃え続けている場合には，火を吹き消してから臭いをかぐ．

身近な製品は顔料や可塑剤を含んでいたり，また，数種類のプラスチックの混合物である場合もあるため若干実験結果が異なることもあるが，PE，PP，PET，PVC，PVDC，PS，ABS とナイロン製の製品は，燃焼試験により定性的に区別しうる．

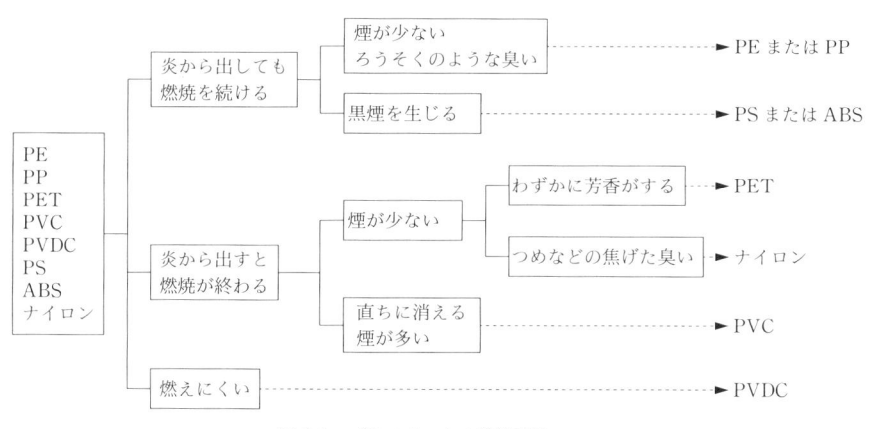

図 4.6　プラスチックの燃焼試験

4.2.2　高分子化合物の合成

　高分子化合物は，単一あるいは2つ以上の単量体が，次々と結合して生成する．次々と結合していくことを重合（polymerization）という．重合するためには，分子内に2ケ所以上結合できる部分（官能基）がなくてはならない．重合させる最もよく知られている方法は，エステル化（esterification）による方法とラジカルの二重結合への付加（radical addition）による方法がある．エステル化のように，水のような簡単な化合物を脱離して重合する反応を，縮重合（condensation polymerization）という．

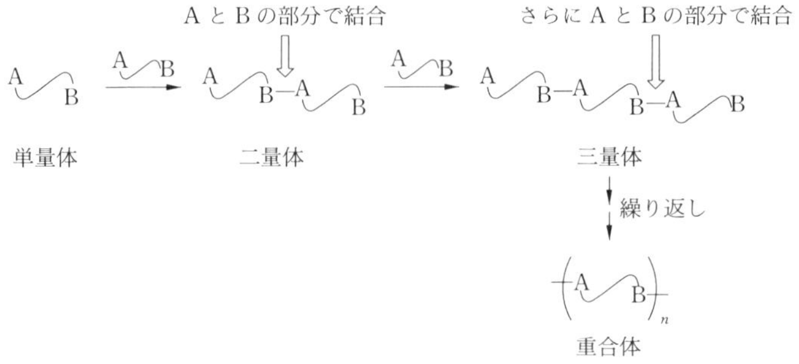
A と B の部分で結合
さらに A と B の部分で結合
単量体
二量体
三量体
繰り返し
重合体

図 4.7　重合

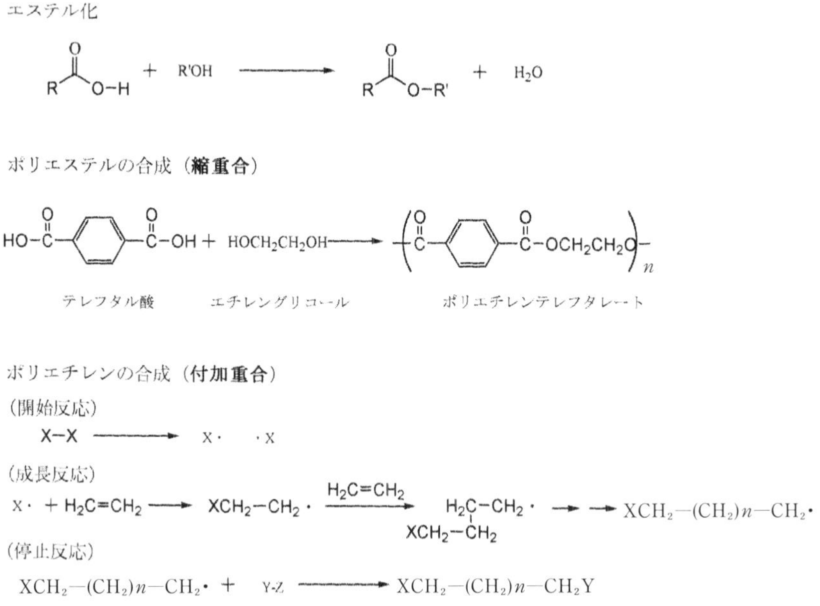
エステル化
ポリエステルの合成（縮重合）
テレフタル酸
エチレングリコール
ポリエチレンテレフタレート
ポリエチレンの合成（付加重合）
（開始反応）
（成長反応）
（停止反応）

図 4.8　重合式

付加重合の最初の式は，開始反応（initiation reaction）といわれ，開始剤（initiator）として入れた微量物質が不対電子（unpaired electron）をもったラジカル（radical）に開裂する反応である．ラジカル開始剤としては，加熱することにより容易に C-N 結合や O-O 結合が切れるアゾビスイソブチロニトリル（azobisisobutyronitrile；AIBN）や過酸化ベンゾイル（benzoyl peroxide）が用いられている．ラジカルができると，これが二重結合に付加する．付加すると，新たなラジカルができ

る．この新たにできたラジカルが，また二重結合に付加する．このようにして，結合がどんどん伸びていく．ラジカルが成長していくので，成長反応（propagation

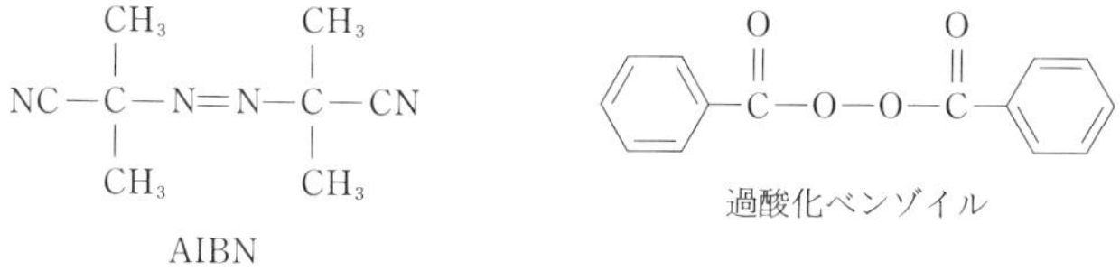

図4.9 開始剤

reaction）といわれる．最後の反応は，停止反応（termination reaction）といわれるもので，成長したラジカルが溶媒や反応容器の器壁などと反応して，ラジカルセンターに水素などの原子が結合してラジカルではなくなる過程である．成長反応が多く起これば，生成する高分子化合物の分子量は大きくなり，成長反応があまり起こらなければ分子量は小さくなる．成長と停止の反応は，反応条件に依存し，停止剤と出会う確率にも依存する．このため，高分子化合物は一定の分子量をもつわけではなく，分子量分布に幅がある．平均分子量M_{AV}は，単位体積中に存在する分子量M_iの分子がN_i個存在すると，次式で表される．

$$M_{AV} = \frac{\sum M_i N_i}{\sum N_i}$$

高分子化合物は，用いた単量体が同じでも平均分子量，分子量分布が異なると性質が異なる．例えば，ポリエチレンでは，ポリバケツや洗剤ボトルのような硬いもの（高密度ポリエチレン）から，手で変形できる蜂蜜の容器のような軟らかいもの（低密度ポリエチレン）まで存在する．

― 実験6．プラスチックを作る ―

1. メタクリル酸（methacrylic acid）5 ml を試験管にとり，アゾビスイソブチロニトリルをシュパチュラに軽く1杯加え，よく振って溶かす．
2. 料理用アルミカップ（アルミホイルを15 cm ぐらいの幅に切り二つ折にしたものを湯のみ茶碗などの内側に押し付けてカップ状にしたものでもよい）にあけ，三脚の金網の上に置く．
3. ガスバーナーの小さな炎で加熱する．数分で発煙し，発泡が始まる．
   （注意）ガスバーナーの炎が大きいと，発煙したときに試料に火がつき燃え出すことがある．ホットプレートが使えるようなら，約100℃のホットプレート上で加熱する方がよい．
4. 発泡し生じた粗いかき氷状の物質の量が増えなくなったら，火を止め，放冷する．
5. アルミホイルを10 cm ぐらいの幅に切り，二つ折にし机の上に押し付けて平らにする．

6. 三脚の金網の上に置き，ガスバーナーの炎をやや強めにして加熱する．
7. 4で得られたかき氷状の粒を1つ，アルミホイルの上に落とす．
8. 粒が融けたら，火を消し放冷する．泡が少し残るが，ガラス状の塊が得られる．

---**実験7．接着剤を作る**---

1. 試験管にアクリル酸ブチル (butyl acrylate) 2 ml，アゾビスイソブチロニトリルをシュパチュラに1杯，酢酸エチル (ethyl acetate) 2 ml を入れ，よくかき混ぜる*．
2. 沸石を1粒加え，約50 cm のガラス管（冷却管として使用）にゴム栓をつけて試験管に取り付ける．
3. 水浴上で穏やかに加熱し，水浴の水が沸騰してからさらに10分間加熱する．
4. 水浴からはずして放冷すると，粘度の高い高分子溶液ができる．高分子溶液を紙などに塗れば，接着剤として使える．
5. 高分子溶液をセロハン紙の上にあけ，輪ゴムでとめた2本のガラス棒の間を通した後，風乾し，セロテープを作る．
6. 高分子溶液に酸化亜鉛 (zinc oxide；ZnO) の白い微粉末を加え，修正液ホワイトを作る．

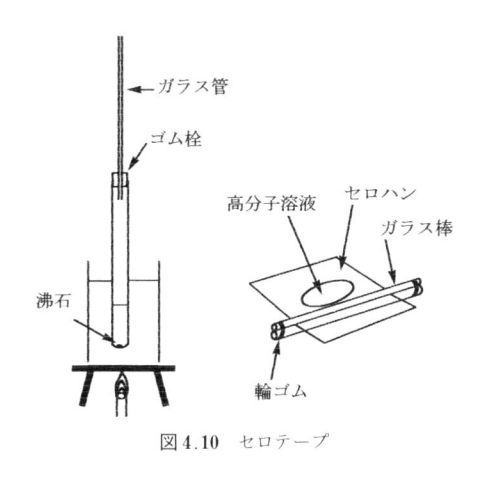

図4.10　セロテープ

* アクリル酸ブチルだけの重合でも市販品に近いものができるが，アクリル酸ブチル：アクリル酸：アクリル酸エチルを重量比75：5：20で混合したものを用いた方が製品として優れたものが得られる（長谷川　正，岡　陽子，臼井豊和，川口健男，化学と教育，**41**，46 (1993)）．

上の2つの実験とも，アクリル酸誘導体の付加重合であり，基本的には前述のポリエチレンと同じ二重結合へのラジカル付加反応である．反応が同じなのに，メタクリル酸メチルの場合にはガラス状の塊となり，アクリル酸ブチルの方はべたついた重合体となる．これは，重合度の違いと三次元的な架橋構造も含んだポリマーの構造の違いによるものである．

4.3 金　　属

4.3.1 金属の色

金属は，展性，延性に富むので機械的加工をしやすく，電気や熱の良導体でもあるので，家電製品をはじめとする身の回りの多くの製品に使われている．金属は独特の金属光沢（metallic luster）をもっている．このため見ればすぐに金属であることがわかるが，なぜ金属は金属光沢を示すのだろうか．

―実験8．金属の色―
　百科事典などの本の背表紙の金色の文字，グラビア印刷の写真（百科事典の中にある写真など）の金色の部分，金色をした金属の表面をルーペで観察する．

少し倍率の大きなルーペを用いるとよくわかるが，本の表紙の金文字の部分はルーペで見ても金色に光っていて，所々剝れたような小さな穴があり表紙の地の色が見えている．ところが，グラビア印刷の写真で金色に見えている部分には，黄色の点はたくさんあるが他には赤色や青色の点があるだけで金色の点は見つからない．このことは，金色の正体が実は黄色であることを示している．

表4.4　主な金属の性質と鉱石

金　属	密　度 (g/ml at 20°C)	融　点 (°C)	沸　点 (°C)	主な鉱石
鉄	7.869	1535	2735	磁鉄鉱($FeO \cdot Fe_2O_3$)，褐鉄鉱($2Fe_2O_3 \cdot 3H_2O$)，赤鉄鉱(Fe_2O_3)，黄鉄鉱(FeS)
銅	8.92	1083	2310	赤銅鉱(Cu_2O)，黒銅鉱(CuO)，輝銅鉱(Cu_2S)，銅藍(CuS)，黄銅鉱($Cu_2S \cdot Fe_2O_3$)
アルミニウム	2.70	659.8	2270	鋼玉(Al_2O_3)，ボーキサイト($AlO(OH)$)
ニッケル	8.902	1452	2730	針ニッケル鉱(NiS)，紅ヒ・ニッケル鉱($NiAs$)
亜鉛	7.14	419.4	320.9	閃亜鉛鉱（ZnS），紅亜鉛鉱（ZnO）
スズ	7.31	231.8	2362	スズ石（SnO）
鉛	11.34	1755	327.5	方鉛鉱（PbS），白鉛鉱（$PbCO_3$），硫酸鉛鉱（$PbSO_4$）
水銀	13.546	−38.89	356.95	辰砂（HgS）
銀	10.5	960.5	1950	自然銀（Ag），輝銀鉱（Ag_2S）
金	19.3	1063	2600	自然金（Au）

黄色と金色では全く違うように見えるが，この違いは光の反射の度合に違いがあることに起因している．実験1で透明なガラスを粉末状にすると白色になったことを思い出してみよう．透明なガラスが白色になったのは，光を乱反射するようになったためであった．鏡に光を当てるとほとんどの光は決まった方向へ反射していく．その方向に立っていれば，鏡が光ったようにまぶしく見える．金属の表面は，見た目は滑らかでもミクロなレベルで見ると複雑な形をしており，ちょうど小さな鏡をたくさん集めた面に相当する．この小さな鏡は，少しずつ異なった方向を向いているため，金属を動かすと光を反射する方向が複雑に変化し，金属が輝いて見える．この反射してくる光のうち青紫色（黄色の補色）の光を金属が吸収すると金色に見える．すべての可視光（visible light）をすべての方向へ同じ強度で反射するのが白色で，このように可視光を反射する金属は銀色に見える．可視光というのは，波長が400〜800 nm（1 nm＝10^{-9}m）の光で，400 nm以下の光を紫外線（ultraviolet light），800 nm以上の光を赤外線（infrared light）という．

　金属イオンを含む溶液を白金線の先につけてガスバーナーの炎の中に入れると，イオンの種類の違いによって炎が異なった色となる．この方法は金属イオンの定性分析の際行われており炎色反応（flame reaction）としてよく知られている．

───実験9．炎色反応───
1. スプレーの付いた香水の空き瓶など*を用意し，10％ぐらいの濃度の食塩水，塩化リチウム（LiCl）水溶液，硫酸銅（$CuSO_4$）水溶液をそれぞれ別の容器に入れる．
2. 30 cmぐらい離れた位置から，ガスバーナーの炎をめがけて水溶液を噴霧する．

＊ プラスチック製のスプレー付き容器は100円コーナーでも購入できる．

4.3.2　電池とさび

　懐中電灯はもちろんのこと時計，電卓，携帯電話などいろいろなところに電池が使われている．電池がなかったら日常生活が今のように便利にはなっていなかっただろう．3.3で述べたように，電池も金属の性質を活用したものである．簡単な電池は，2種類の金属があれば作ることができる．金属のなかでも最も身近にあるのは10円などのコインであろう．

───実験10．11円電池───
1. 飽和食塩水2〜3滴を10円玉の上にたらす．
2. ティッシュペーパーを10円玉より少し大きめに切ったものを1枚乗せる．
3. その上に1円玉を乗せる．
4. 1円玉をテスターの陰極，10円玉を陽極につなぎ，電圧を測る．

4.3 金属　63

　1 1 円電池でも 0.6 V ぐらいの電圧の電池ができる．ただし，電流が弱いので，この電池では豆電球をつけることはできないが，テスターで読んだ電圧だけ電池の陽極である 10 円玉（銅）の方が 1 円玉（アルミニウム）より高くなっていることがわかる．デジタル式のテスターを用い陰極陽極を逆につなぐとマイナスの数値を読むこともできる．電流は陽極から陰極，すなわち，10 円玉から 1 円玉に向かって流れている．電気の流れと電子の流れは逆であるから，回路（テスター）中を電子は 1 円玉から 10 円玉に向かって流れている．1 円玉から電子が 10 円玉に向かって流れるのは，1 円玉の方が電子が過剰になっているためである．金属であるアルミニウムでは，原子核中の陽子の数と核外電子の数とは同じであり正負の値はつり合っているから，電子は過剰にはなっていないのに，1 円玉と 10 円玉の間に食塩水でぬれたティッシュペーパーをはさむだけで 1 円玉の方が電子過剰になる．

　金属がさびているのは日常身の回りでよく目にするが，これも電池に関係している．金属を空気中に放置しておくと，滑らかに見える金属表面もミクロなレベルで見ると複雑な形をしているので，細かな凸凹の部分に空気中のほこりが付着する．この付着したほこりに空気中の水分子が吸着されて金属表面に極薄い水の膜が形成され，この水の膜の中に空気中の酸素が溶け込む．鉄の表面に水の膜が形成されると，鉄の表面から Fe^{2+} が溶け出し，金属側に過剰となった電子は酸素分子によって受け取られ，水酸化鉄(II)が形成される．これが黒さびである．この黒さびは，酸素があると赤さび（水酸化鉄(III)）へと変化する．

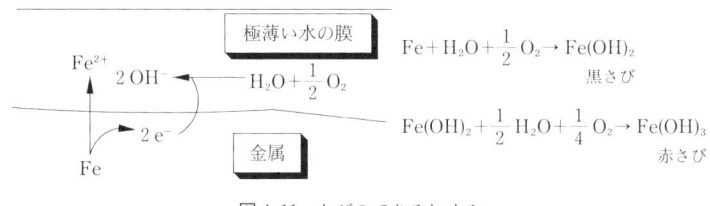

$$Fe + H_2O + \frac{1}{2} O_2 \to Fe(OH)_2 \quad 黒さび$$

$$Fe(OH)_2 + \frac{1}{2} H_2O + \frac{1}{4} O_2 \to Fe(OH)_3 \quad 赤さび$$

図 4.11　さびのできるしくみ

4.3.3　金属の製錬

　金属がさびるのは自然に起こる変化であり，さびた状態の方が金属単体よりも安定である．したがって，天然に単体として産出される金属は金・銀などわずかで，大部分の金属は酸化物あるいは硫化物などのさびた状態で鉱石として産出される．さびた状態というのは，化学的にいえば，酸化状態である．鉱石から金属を取り出す操作を製錬（smelting）という．工業的には，必要な金属以外の鉱石中に含まれる金属や不純物を除く工程も重要であるが，鉱石中の金属は酸化状態にあるから，製錬は簡単には還元操作といえる．

実験11．金属の製錬

1. 木炭に直径約 1 cm，深さ約 5 mm の穴をつくる．
2. この穴の中に一酸化鉛（PbO）約 0.5 g を入れる．
3. これをガスバーナー*の細く火力の強い炎で約 2 分間強熱する．

* 普通のブンゼンバーナーは，炎が大きく火力が弱いのでこの実験には向かない．ふいご式バーナーがあればそれを用いる．ふいご式バーナーがない場合には，ブンゼンバーナーに簡単に自作できるアダプターを取り付け，金魚などの水槽用のエアポンプにより空気を送ると，細くて火力の強い炎が得られる．

【演習問題】

4.1 食塩とガラスの構造の違いを説明せよ．
4.2 ソーダ石灰ガラスの製法を説明せよ．
4.3 軟質ガラス（ソーダ石灰ガラス）とパイレックスガラスの性質の違いをあげよ．また，軟質ガラス管とパイレックスガラス管を加熱してつなぐことができるか．
4.4 高分子を合成する反応を 2 つあげ，その反応を一般式で示せ．
4.5 食品包装用ラップ A と B を銅線につけてガスバーナーの炎の中に入れたら，A の場合には炎の色は変わらなかったが，B の場合には炎が緑色になった．このことからどんなことがわかるか．
4.6 PET，PVC，PS とは何か．また，これらを実験的に区別するにはどうしたらよいか．
4.7 高分子化合物の分子量は，ある決まった値で表さずに平均分子量で表すのは何故か．また，平均分子量はどのように定義されるか．
4.8 メタクリル酸メチルを重合するとガラス状の塊が得られるのに，アクリル酸ブチルを重合するとべたついた物質となる．この違いは何によるものか．
4.9 身近に使われているプラスチック製品が，どのような高分子化合物からできているか調べよ．
4.10 一酸化鉛を木炭の上で強熱したときの反応式を示せ．
4.11 表面の金属光沢がなくなった銅片の表面をぴかぴかにするにはどうしたらよいか．

第 2 編　有限な世界「地球」の物質

　地球にある元素は不滅で，ある元素だけ増やしたり，減らしたりはできない．生物の営みや自然現象で，物質は反応で変化したり塊が小さくなり拡散したりはするが，各元素の量は変わらない．

　地球上の人間を含む生物は，いろいろな物質の変化からエネルギーと食料を得て生活している．物質の変化に要する時間は途方もなく長かったり短かったりするが，いろいろな物質が次々に変化していく元素の循環のなかでしか生物の生活は考えられない．

　◎地球上の元素や地球はどのように生まれたのかを 5 章で，

　◎地球の地殻，マントル，そして核をつくる物質を 6 章で，

　◎とどまっているのではなく，物質が地球をめぐっていることを 7 章で，

　◎物質は循環している視点から環境を 8 章で，

地球という限られた世界のなかにある物質の視点を学ぶ．

5

化学進化―地球の起源からみる―

　地球は初めから現在のような地球で存在していたのではない．太陽系星間ガス中で成長し，どのような道筋を経て現在の地球となったのだろうか．また，そこでは簡単な分子から複雑な分子へ，物質の変化は生命の誕生をめざしどのように進んだのだろう．物質を中心に長い地球の歴史を眺めてみよう．

5.1　地球はどのように生まれたか

5.1.1　宇宙に存在する元素

　光学望遠鏡の観察からは銀河（galaxy）系の一部がわかっているだけであった．地球や太陽を含む銀河系の全体が認められたのは，1945年以降の電波望遠鏡による観測からである．銀河系は直径10万光年，厚さ1.5万光年，約2000個の恒星を含んでいて，太陽はその中心から3万光年の位置にある．他の銀河としてアンドロメダ銀河やM51銀河がある．これら銀河の集合体が宇宙である．

　この宇宙に存在している元素とそれらの量を分光学的に調べまとめると，表5.1のようになる．水素（H）やヘリウム（He）のような小さな元素が多く，大きな元素は少ない．反応性の乏しい希ガスを除く量の多い元素は，生物を形づくる元素（水素，炭素（C），酸素（O），窒素（N）など）を含んでいる．宇宙の元素量がそのまま生命に反映していることに驚く．

5.1.2　太陽系の生成

　太陽系（solar system）の惑星を万有引力で統率している太陽は，半径 6.96×10^5 km，質量 1.99×10^{33} kg のガス体である．化学組成は75％のH，25％のHe，微量

表5.1 宇宙での元素の相対的存在．原子番号30まで

H	32,000,000	Na	44	Sc	2.8×10^{-2}
He	4,100,000	Mg	910	Ti	2
Li	1.0×10^{-1}	Al	95	V	2.2×10^{-1}
Be	2.0×10^{-2}	Si	1,000	Cr	78
B	2.4×10^{-2}	P	10	Mn	69
C	11,000	S	370	Fe	600
N	3,000	Cl	9	Co	2
O	21,500	Ar	150	Ni	27
F	2	K	3	Cu	2.1×10^{-1}
Ne	8,600	Ca	49	Zn	4.9×10^{-1}

(H. E. Suess and H. C. Urey, *Rev. Mod. Phys.*, **28**, 53-74 (1956))

のC，N，O，ネオン（Ne）から成り立っている．表面温度は5780 K，中心温度は1.55×10^7 K である．太陽は高温高圧下で水素がヘリウムに変化する核融合反応により，1秒間に3.9×10^{26} J のエネルギーを宇宙空間に放出して，恒星として輝いている．太陽の放射エネルギーの22億分の1が地球に到達していて，大気圏外での受熱量は$1.96 \text{ cal/cm}^2 \cdot \text{min}$である．

太陽の周りを同一平面内の円に近い軌道で同一方向に公転している惑星（planet）は，大きさを比べただけでもわかるように，水星から火星までのグループと木星から海王星の2つのグループに分けられる．密度$3.9 \sim 5.5 \text{ g/cm}^3$の地球型惑星と，密度$0.7 \sim 1.7 \text{ g/cm}^3$の木星型惑星にである．地球型惑星は鉄（Fe）とニッケル（Ni）の金属核と石質物質からなり，木星型惑星は金属，石質，氷を中心にHとHeが外部をつくっている．

表5.2 太陽と惑星の比較

	水星 Mercury	金星 Venus	地球 Earth	火星 Mars	木星 Jupiter	土星 Saturn	天王星 Uranus	海王星 Neptune	冥王星 Pluto
赤道半径	0.4	0.9	1.0	0.5	11.2	9.5	4.0	3.8	0.3
太陽からの距離	0.4	0.7	1.0	1.5	5.2	9.5	19.2	30.1	39.5
密度 (g/cm³)	5.4	5.2	5.5	3.9	1.3	0.7	1.3	1.8	3.3

赤道半径は地球を1として，太陽からの距離は地球までを1として相対値で表している．太陽の大きさは地球の109倍であり，密度は1.4 g/cm^3である．

太陽系の生成は次のように考えられている．主にHとHeの雲である星間ガスの集積で，中心部は次第に大きくなり，中心核は原始星となり輝き始める．原始星の周囲に広がる円盤状のガスは太陽輻射により吹き飛ばされ，高温の太陽の近くでは金属や岩石のみが残った．また，低温の遠方では固体のアンモニア，水やメタンも主成分として残った．これらが惑星材料となり，次第に固まり，内側に地球型惑星が外側に木星型惑星が誕生した．

ハレー彗星（comet）は周期76年の楕円軌道を描き太陽をめぐっている．彗星は

氷（H_2O），一酸化炭素（CO），二酸化炭素（CO_2），メタン（CH_4），アンモニア（NH_3）とグラファイト物質や有機物質が結びついた物体であり，汚れた雪だるまとあらわされている．周遊する軌道や成分から，木星型惑星と同じ地域で生まれたと考えられている．

地球に落下する隕石（meteorite）の86％はコンドライトでFe，Ni，トロイライト，カンラン石からなっている．7％は火成作用を受けたアコンドライトであり，6％は鉄隕石である．コンドライトの2％は内部に有機化合物を含む炭素質コンドライトで，有機化合物は星雲ガスの冷却過程で光熱などにより生成したと考えられている．隕石は，地球と木星の間にある小惑星の一部が軌道をはずれて地球に落下したものである．地球と同じ太陽系星雲ガスで生成した原始物質である．

5.1.3 原子核反応と元素の変化

宇宙での元素の生成を理解するため，原子核反応について学ぼう．

陽子（proton）と中性子（neutron）の数で原子核を表せる．原子記号は原子番号そして陽子数を与える．質量数は陽子数と中性子数の和である．6番目の元素の炭素には^{12}Cと^{13}Cの原子核があり，それらの存在比は98.9％と1.1％である．互いに同位体とよばれるこれらは陽子数はともに6であるが，中性子数は^{12}Cでは$12-6=6$で^{13}Cでは$13-6=7$である．

陽子数と中性子数のバランスが悪く不安定な原子核は，放射線のα線，β線，γ線を放出して変化する．もとの原子核から，陽子（p）2つと中性子（n）2つ，すなわち^4Heの塊を放出するのがα崩壊（α-decay）で，原子番号が2つ少ない原子核に変化する．α崩壊で元素は周期表で2つ手前の元素に変わる．また，ある原子核のnの1つがpと電子（e^-）に分かれて，e^-を放出し，pが1つ増えるので原子番号が1つ大きな原子核に変化するのが，β崩壊（β-decay）である．β崩壊で元素は周期表の次の元素に変化する．α崩壊やβ崩壊に伴い放出される，波長の短い電磁波がγ線である．αとβ2つの崩壊の例を示す．

$$^{214}Po \longrightarrow {}^{210}Pb + {}^4He \quad \alpha崩壊$$
$$^{60}Co \longrightarrow {}^{60}Ni + e^- \quad \beta崩壊$$

^4He，p，nなどの粒子を加速装置で加速し高いエネルギーをもたせ，もとになる原子核に衝突反応させ，別の原子核に導くのが人工崩壊である．周期表の原子量の欄を見ると，103の元素のうち13の元素の原子量が記載されていないか整数値だけで記されている．これらの元素はまだ鉱物などから発見されていない未知の元素であり，すべて人工崩壊で合成されたことを意味している．例として，プロメチウム（Pm）は1つ小さい元素ネオジム（Nd）から次のように1947年合成された．

$$^{146}Nd + {}^1n \longrightarrow {}^{147}Nd \longrightarrow {}^{147}Pm + e^-$$

ウランより大きな元素（超ウラン元素）合成の試みのなかで発見されたのが，核分裂 (nuclear fission) である．原子核は連鎖反応で分解してしまうが，このとき高いエネルギーが放出される．核分裂する原子核は，^{235}U（ウラン235）と^{239}Pu（プルトニウム239）と^{233}Uの3つである．原子炉ではコントロールした核分裂反応を行い原子力エネルギーで発電している．日本のエネルギー別発電電気料では原子力による発電の割合がいちばん高い（原子力28.2％，石油26.8％，ガス19.7％，石炭16.9％，水力7.0％．1994年）．

5.1.4 星での核融合反応

星間ガスの濃い部分が自己重力で凝縮してガス雲の原始星となる．原始星は急速に収縮し，中心部の温度が核反応の始まる1000万度K（10^7K）となると明るく輝く恒星となる．

原子炉ではUやPuの大きな原子が核分裂し小さな原子に変化する，そのとき莫大なエネルギーを得ている．それとは逆に星での核反応は，小さな原子が集まり大きな原子になる核融合 (nuclear fusion) で，そこで大きなエネルギーを放出する．

星の中の核融合反応は小さな原子の低温での反応から始まり，次第に大きな原子の高温での反応に移っていく．

まず10^7Kで水素が核融合反応を起こす．pp連鎖反応で，高温で水素がpとe^-に分かれるプラズマ状態となって生成したpが次々に反応し，6つのpが2つのpと1つの^{4}Heに変わる，すなわち4つのpが^{4}Heになる．途中発生するe^+はプラスの電荷をもった電子の陽電子 (positron) で，すぐ周囲のe^-と反応しエネルギーを放出し消滅する．

もう一つの水素核融合反応は，^{12}C→^{13}N→^{13}C→^{14}N→^{15}O→^{15}N→^{12}Cに戻るサイクル状の反応をして，その間に4つのpが加わり^{12}Cとともに^{4}Heが生成する．

水素がなくなると^{4}Heが温度$10^{7\sim8}$Kで核融合反応をする．2つの^{4}Heから生成した^{8}Beの核は不安定で分解するが，3つの^{4}Heから^{12}Cが生成し，さらに1つの^{4}Heが加わり^{16}Oが，続いて^{20}Neが生成する．

10^8Kの温度では^{12}Cの核融合反応で^{24}Mg，^{23}Na，^{20}Neが生成する．

10^9Kと高温になると，^{16}Oの核融合反応でp, n, ^{4}Heを放出しながら^{31}S, ^{32}S, ^{31}P, ^{28}Siが生成する．

10^9Kのさらなる高温では，^{28}Siがγ線で^{4}Heに光分解し，大きな原子核がそれらを捕獲して^{56}Feまでの重い元素がつくられる．

Feより重い元素の生成は2つのケースが考えられている．1つは中性子がFeに捕獲され不安定となった原子核がβ崩壊して原子番号の1つ大きい元素になる．これが順次繰り返されてより大きな元素になる．このゆっくりした核反応のほかに，超

70   5 化学進化—地球の起源からみる—

(1) 水素の核融合反応

pp 連鎖反応

$^1p \xrightarrow{^1p} {}^2H \xrightarrow{^1p} {}^3He$
      e^+ γ

$^1p \xrightarrow{^1p} {}^2H \xrightarrow{^1p} {}^3He$
      e^+ γ

$\longrightarrow {}^4He + {}^1p\,{}^1p$

CNO サイクル反応

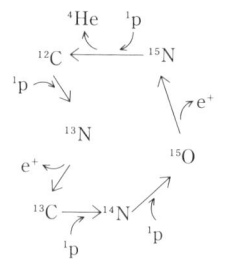

$^{12}C \xleftarrow{^1p \;\; ^4He} {}^{15}N$
$\downarrow {}^1p$ $\uparrow$
^{13}N $\;\;\;\;\;$ ^{15}O
$\downarrow e^+$ $\uparrow e^+$
$^{13}C \xrightarrow{^1p} {}^{14}N \xrightarrow{^1p}$

(2) ヘリウムの核融合反応

$^4He \xrightarrow{^4He\;^4He} {}^{12}C \xrightarrow{^4He} {}^{16}O \xrightarrow{^4He} {}^{20}Ne$
           γ γ γ

(3) 炭素の核融合反応

$^{12}C \xrightarrow{^{12}C} {}^{24}Mg$ $^{12}C \xrightarrow{^{12}C} {}^{23}Na$ $^{12}C \xrightarrow{^{12}C} {}^{20}Ne$
         γ ^1p ^4He

(4) 酸素の核融合反応

$^{16}O \xrightarrow{^{16}O} {}^{32}S$ $^{16}O \xrightarrow{^{16}O} {}^{31}p$ $^{16}O \xrightarrow{^{16}O} {}^{31}S$ $^{16}O \xrightarrow{^{16}O} {}^{28}Si$
         γ ^1p ^1n ^4He

(5) ケイ素の核融合反応

$^{28}Si \xrightarrow{\gamma} 7\,{}^4He$ $^{28}Si + 7\,{}^4He \longrightarrow {}^{56}Ni \xrightarrow{e^-\,e^-} {}^{56}Fe$

図 5.1 星の中の核融合反応

新星爆発において急激に発生する中性子を元素が次々に捕獲し不安定核をつくり，最後に β 崩壊して重い原子核が生成される反応である．生成したこれらの元素は超新星の大爆発により宇宙空間にまき散らされる．

── 実験 1．原子核の反応を模型で表す ──────────────────

〔実験器具〕 プラスチック玉や豆などで 2 種の小球を準備する．2 種の小球は陽子と中性子とする．陽子を○で，中性子を●で表すと，○●は ^2H，●○●は ^3H である．図 5.1 の水素の核融合は次のように書ける．

〔実験〕
1．ヘリウムの核融合反応を模型で表そう．
2．炭素，酸素，ケイ素の核融合反応ではどうか．

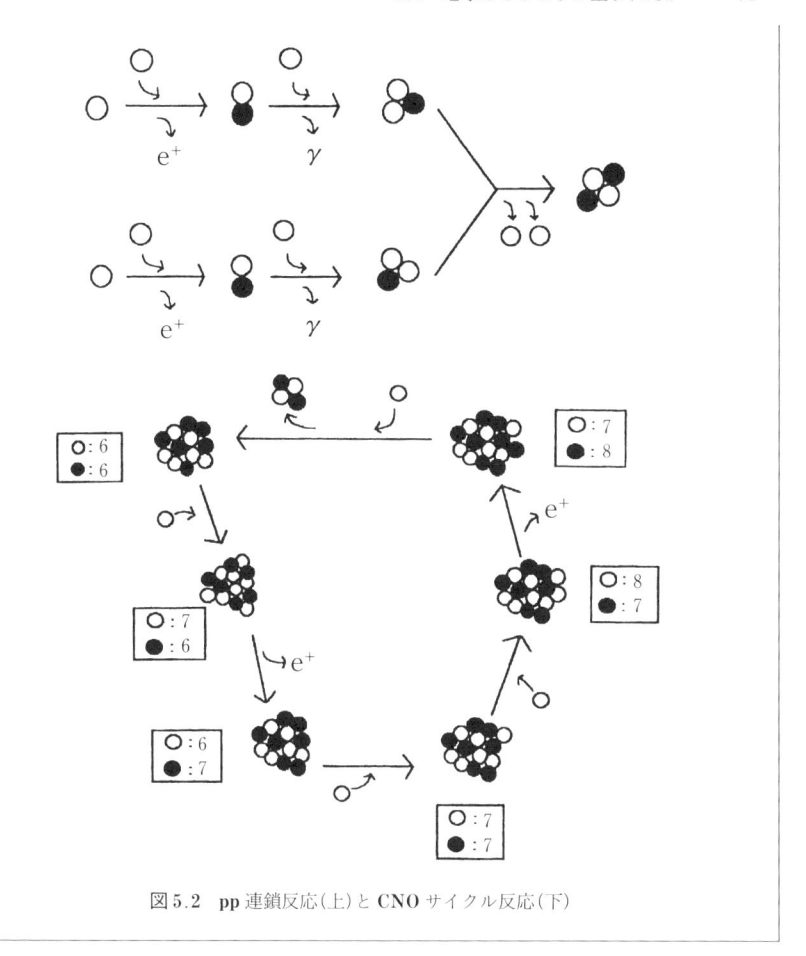

図 5.2　pp 連鎖反応(上)と CNO サイクル反応(下)

5.1.5　地球の生成と大気成分

　太陽系星雲ガスの中心で水素の核融合により輝いたのが太陽である．その周囲のガス中で生成した原始地球は，H，He の原始大気の保温効果で温度が上昇して，地表の岩石や金属は溶け，さらに周囲の物質を引き付け成長を続けた．やがて太陽星雲が消失し地球の成長も止んだ．太陽風，紫外線にさらされた原始大気（H，He，H_2O，CO_2，重い希ガス）は次第に減少していく．大気の保温効果が弱まり，地球表面は固化して地殻となった．大気中の水蒸気は水となり海洋を形成した．大気中の CO_2 は海水に吸収され炭酸塩として鉱物になり，H と He は重力を振り切り脱出した．地表では原子から分子へ，簡単なものから複雑な分子へ，そして長い時間が経過

し生物が生まれた，その生物によりCO_2の固定がさらに行われた．藻類の光合成により生成したO_2が大気に加わり，現在のN_2とO_2の大気になった．地球に海ができなかったらそして生物が生まれなかったら，金星や火星と同じようなCO_2を主成分とする大気を地球は保持していたのであろう（表5.3）．

表5.3　3つの惑星の大気成分

金星		地球		火星	
CO_2	96 %	N_2	78.08 %	CO_2	95 %
N_2	3.4	O_2	20.95	N_2	2.7
		Ar	0.93	Ar	1.6
		CO_2	0.033	O_2	0.1
		Ne	0.0018		
		He	0.0005		

5.2 化学進化

現在の生物は自己増殖により生じるものであるが，初めての生命は生命のないところから生まれたはずである．どのように化学物質が組織立てられ，秩序をもつ系として存在する生物になったのだろうか．難しい問題で解きあかすべき部分が多く残っているが，そこでの研究成果を述べよう．

5.2.1 原始大気成分から低分子化合物の生成

生まれたばかりの地球の大気（原始大気）は，低温であれば化学平衡によりCH_4，NH_3，H_2Oが生成しており，高温（1500 K）ではCO_2，N_2となる．温度により原始大気はCやNのいろいろな化合物の混合物である可能性があるが，化学進化（chemical evolution）の出発物質である原始大気は水素を多く含む化合物が存在し，それらが反応したと考えられている．化学変化のエネルギー源は太陽の各種光，熱，雷の放電，隕石の衝突が考えられる．宇宙の元素存在量は，表5.1のように希ガスを除くとH，O，C，Nの量が多い．生体をつくる元素とよく一致している．そのなかで結合様式や種々の元素と結合する性質を有するCが生体を構成する主元素として選ばれたと解釈される．

化合物が生成したのは地球46億年の歴史のうち，最初の10億年の間と考えられている．その痕跡が何も残されていないので，実験的に検証することになる．

原始大気に雷が落ちた状況を実験したミラー（S. L. Miller）の火花放電の実験を紹介しよう．H_2 10 mmHg，CH_4 20 mmHg，NH_3 20 mmHgの気体と水をガラス装置に組み込み，Aの部分を加熱し水を沸騰させ，Bの部分に3種のガスと水蒸気を導き火花放電を行った（図5.3）．Cの冷却器で冷やされ，Dに水溶液がたまる，

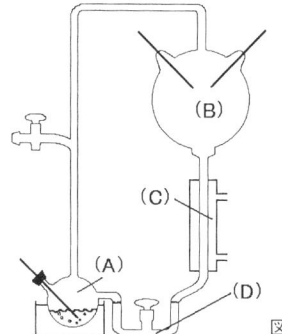

図5.3 火花放電反応装置

水溶液は少しずつAに戻り,再び加熱で気体になり循環する.

放電を1週間続けると,容器中にガスとしてCO_2,CO,N_2,シアン化水素(HCN;hydrogen cyanide)が生成していた.水溶液中にはアミノ酸(amino acid),有機酸,オキシ酸と尿素が生成していた.反応中の化合物の時間変化は,NH_3が減少を続け,HCNが2日から現れ5日以後減少した.NH_3は窒素源として有効に働き,HCNは次の化合物への中間体として働いた.

火花放電で生成した量の多いアミノ酸類を表5.4とした.簡単な反応条件下で,種々のアミノ酸が合成された.生体を構成するアミノ酸ばかりでなく,生体には見つからないアミノ酸も合成されていた.

表5.4 火花放電で生成した量の多いアミノ酸類 (μmol)

アラニン	790	α-アミノイソ酪酸	30
グリシン	440	N-エチルグリシン	30
α-アミノ-n-酪酸	270	バリン	20
α-ヒドロキシ-γ-アミノ酪酸	74	β-アラニン	19
ノルバリン	61	N-メチルアラニン	15
サルコシン(N-メチルグリシン)	55	ロイシン	11
アスパラギン酸	34		

(S. L. Miller, *Science*, **117**, 528 (1953))

グリシンの生成は次のようであろう.

NH_3 + CH_2O + HCN $\longrightarrow$ H_2N-CH_2-CN $\longrightarrow$ $H_2N-CH_2-CO_2H$

水のない条件下でCH_4とNH_3の混合ガスに放電をして,アミノ酸の一歩手前のアミノアセトニトリルが生成することも確かめられている.

─ 実験2.食品のアミノ酸を捜す ──────────────
〔実験器具・試薬〕いろいろな食品を少量(お茶,かつおぶし,ごま,野菜,果物などで固体はすりつぶす),ニンヒドリン(0.2 g),エタノール(100 ml),湯,ス

ポイト，試験管（5），ビーカー（小5，大1）．
〔実験〕
1. 少量のお湯に溶け出るものを溶かす（浸出）．
2. ニンヒドリン0.2gをエタノール100mlに溶かし，0.2％ニンヒドリン溶液を作る．
3. 試験管に各食品の浸出液1mlとニンヒドリン溶液5滴を加え，お湯の中に入れ数分間置く．ニンヒドリンはアミノ酸と反応し紫色の色素をつくる．色のつく程度を調べる．
〔結果〕 タンパク質食品だけでなく，野菜にもアミノ酸が見つかる．

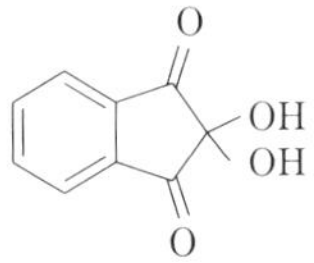

図5.4 ニンヒドリンの構造式

ミラーの実験でHCNは反応性に富む中間体として出現した．HCNの反応を紹介しよう．HCN水溶液は長時間放置すると重合しポリマーをつくる，これを加水分解すると炭素数1から4の各種アミノ酸が得られる．HCNは塩基性触媒のもと重合しアデニン（adenine）を生成する．CH_4とN_2の放電から得られるシアノアセチレン（H−C≡C−C≡N）はシアン酸塩とアンモニアからシトシン（cytosine）をつくる．反応は段階的に進むが，生成物のどの原子に原料分子のどの原子が対応するかだけを図5.5に示した．現在の生物には猛毒のHCNは核酸塩基のプリン骨格とピリミジン骨核を生成した．シアノアセチレンは星間物質として分光学的に観測されている．

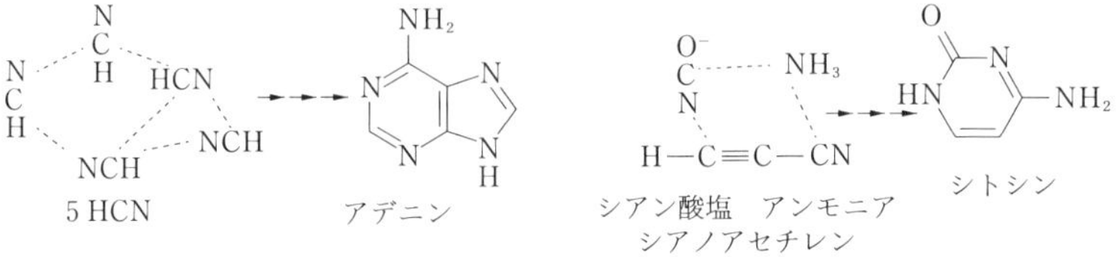

図5.5 アデニンとシトシンの生成

5.2.2 高分子化合物の生成

アミノ酸の脱水縮合によりタンパク質が生成したと考えられるが，条件はどのようなもので，反応の触媒は何だったのか，生物はなぜ約20個のα-アミノ酸を使っているのか，天然のアミノ酸はなぜD体でなくL体のみであることなど，解決すべき問題

が多く残されている．

$$R-{}^{\alpha}CH-CO_2H \qquad R'-{}^{\beta}CH-{}^{\alpha}CH_2-CO_2H$$
$$\phantom{R-{}^{\alpha}CH-CO}| \qquad\qquad\qquad\qquad |$$
$$\phantom{R-{}^{\alpha}CH-C}NH_2 \qquad\qquad\qquad\quad NH_2$$
$$\phantom{R-{}^{\alpha}CH-}\alpha\text{-アミノ酸} \qquad\qquad\qquad \beta\text{-アミノ酸}$$

α-アミノ酸のみが選択的に利用されている点は，炭化水素とアンモニアから各種アミノニトリルができ，アミノ酸に加水分解される前に，ニトリル類が固体触媒上で重合し，それから加水分解しタンパク質になったと説明される．ニトリルが重合した考えの方が，α 位以外に反応点をもつアミノ酸の重合の考えより説明しやすい．

核酸の DNA や RNA は，核酸塩基，糖，リン酸の3つの要素化合物が多くの反応点で結びつく必要があり，それらの生成過程はまだ解明はされていない．タンパク質の触媒作用を有する物質が生成し，その作用により難しい選択的反応ができたのであろう．

次の段階は膜により周囲と区切られた空間で必要な化合物が集まり反応すること，さらに核酸とタンパク質で原始的な細胞ができる，そして代謝系と自己複製系をもつ細胞の誕生である．

多分子系から生命の誕生の段階の解明はなかなか難しい．最古の生物の化石は約20億年前の藻類と考えられるものであるが，これ以後はダーウィン（Darwin）の生物進化の領域になる．化学進化の領域での今後の研究が待たれる．

【演習問題】

5.1　天然に存在する銀は2種の同位体からなる．その1つは ^{109}Ag で，存在比は 48.65 ％である．もう1つの同位体の質量数はいくらか．ただし，銀の原子量は 107.9 である．

（注）^{12}C を基準にした原子質量単位はおおよそその質量数に等しい．同位体のある元素の原子量は各同位体の存在割合の加重平均である．

5.2　生成する原子核を考えながら，次の核反応式を書け．
　　1) ^{10}B に α 線（^{4}He）を当てると，中性子が放出される．
　　　　^{10}B（陽子5と中性子5）＋α 線（^{4}He：陽子2と中性子2）──→
　　　　　生成する原子核（陽子 5+2=7，中性子 5+2−1=6）＋^{1}n（中性子）
　　2) ^{30}P は β 崩壊する（e$^-$ が放出される）．
　　3) ^{27}Al に α 線（^{4}He）が衝突し，陽子が放出される．
　　4) ^{14}N に中性子を照射すると，陽子が放出される

5.3　天然には元素が α または β 崩壊を繰り返し分解していく4つの系列がある．その1つトリウム系列では ^{232}Th から始まり最後に ^{208}Pb になる．この間 α 崩壊と β 崩壊をそれぞれ何回行うか．

(注) α崩壊では陽子2と中性子2が出ていくので，原子番号が2少なくなる．質量数は4少なくなる．β崩壊では電子が出ていき中性子が陽子に変わる．原子番号が1大きくなり，質量数は変わらない．質量数の変化（232〜208）はα崩壊による．原子番号の変化（90〜82）はα崩壊で2減りβ崩壊で1増える．

5.4 ウラン鉱床のウラン濃度と鉛濃度を分析し比較すると，それらはほぼ同じ濃度である結果を得る．これから何がいえるか．

ただし，^{238}Uから始まり^{206}Pbに変化する，ウラン・ラジウム系列のいちばんゆっくりした崩壊は^{238}Uでこの系列全体の速度を支配している．そしてその^{238}Uの崩壊の速度は，原子核量が半分になるのに要する時間（半減期）で45億年である．

5.5 ウランの同位体とその存在比は，^{238}U（99.27 %），^{235}U（0.72 %），^{234}U（0.006 %）である．このうち核分裂するのは^{235}Uだけである．ウランの大部分を占める^{238}Uは，nと核反応し続いて2回のβ崩壊をして，核分裂核種になる．この核反応式を書け．

核分裂しない^{238}Uを核分裂する^{239}Puに変える反応である．

5.6 ミラーの実験で得られたアミノ酸類（表5.4）の構造を調べ，生体構成アミノ酸とそれ以外に分けよ．すなわちα-アミノ酸はどれか．

6

地球を構成する物質

　地球は誕生以来46億年間，その内部にある膨大な量の熱を宇宙空間に放出し続けてきた．つまり岩石の溶融，マグマの上昇，鉱物の結晶化というサイクルが無限に繰り返され，その副産物として，海や大陸の形成，生命の誕生，大陸の分裂・集積，火山活動，そしてわれわれ人類の繁栄がもたらされたのである．本章の前半は，地球物質を構成している鉱物や岩石をミクロな視点から議論する．後半では，類稀な惑星である地球が進化の過程でつくり出した内部構造や，それらを構成する岩石の成因についてマクロな視点から述べる．

6.1　鉱　　物

6.1.1　ケイ酸塩の化学

　地殻を構成する元素で存在量1位はO，2位はSiである．これは地球上の物質の多くがケイ酸塩から成り立っているためである．ケイ酸（H_4SiO_4）は$Si(OH)_4$と表すとSiを中心に4つの水酸基から成り立っていることがわかる．天然には，4つのOを使い結合の程度が異なる5つのケイ酸塩が存在する．

（1）ケイ酸がそのまま塩になった正ケイ酸塩（SiO_4^{-4}）．

（2）隣り合ったケイ酸が2ケ所で脱水結合し，1本の鎖をつくる鎖状ケイ酸塩（$(SiO_3^{-2})_n$）．

（3）2本のケイ酸の鎖が1つおきに結合した二重鎖状ケイ酸塩（$(Si_4O_{11}^{-6})_n$）．

（4）何本ものケイ酸の鎖が1つおきに結合し平面をつくる層状ケイ酸塩（$(Si_4O_{10}^{-4})_n$）．

（5）4つの結合すべてで立体的につながった三次元ケイ酸塩（$(SiO_2)_n$）．

中心が Si で 4 つの角が O の正四面体で基本の SiO_4 を表すと，各ケイ酸塩は図 6.1 のように四面体やそのつながりで表せる．つまり，角の O を 2 つの Si が共有して結びつく構造である．

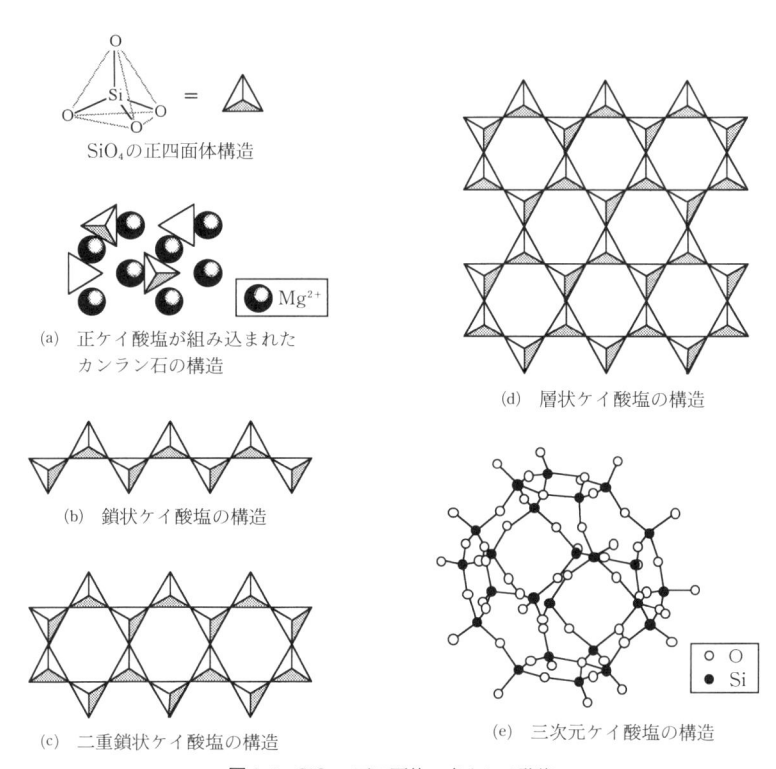

図 6.1 SiO_4 の正四面体で表すケイ酸塩

(a) 正ケイ酸塩が組み込まれたカンラン石の構造
(b) 鎖状ケイ酸塩の構造
(c) 二重鎖状ケイ酸塩の構造
(d) 層状ケイ酸塩の構造
(e) 三次元ケイ酸塩の構造

これらケイ酸の陽イオン（K^+，Na^+，Ca^{2+}，Mg^{2+}，Be^{2+}）塩や，Si の一部が Al に置き換わったり，ケイ酸塩の結合で生まれる空間に水酸化物イオン（OH^-）が入ることによって，各種鉱物となる．このように原子またはイオンが規則的に配列し，三次元的な広がりをもつ物質を結晶とよぶ．なお，原子の配列が不規則であるが，均質な化学組成をもつ物質も鉱物に含まれる．これらは結晶と区別してアモルファス（非結晶）とよばれる．鉱物の集まりが岩石である．

高温のマグマが冷えて結晶化するとき，その温度により結合程度の異なる各種のケイ酸塩が結晶化する．地表でのケイ酸塩の分解の速度は，結合力の強い三次元のものが最も遅い．ケイ酸塩の結合様式の違いは内部の陽イオンの溶出の程度にも影響を与え，それが岩石の変化（風化）を支配している．

6.1.2 鉱物の形状と結晶系

結晶の構造の基礎となる多面体を単位胞とよぶ．これは 6.1.1 で述べたケイ酸塩だけでなく，炭酸塩，リン酸塩などすべての鉱物について定義できる．そして，単位胞の形や大きさを定量的に表現するために 3 本の軸を想定し，この軸の角度や長さの違いにより，結晶を立方晶系，正方晶系，六方晶系，斜方晶系，単斜晶系，三斜晶系，三方晶系の 7 つの結晶系に分類することができる（図 6.2）．ただし，三方晶系は六方晶系の一種であるため，図 6.2 には示していない．天然のすべての鉱物はこの 7 つ

立方晶系
$a_1 = a_2 = a_3$
$\alpha = \beta = \gamma = 90°$

正方晶系
$a_1 = a_2 \neq c$
$\alpha = \beta = \gamma = 90°$

斜方晶系
a, b, c:任意
$\alpha = \beta = \gamma = 90°$

六方晶系
$a_1 = a_2$, c:任意
$\alpha = \beta = 90°$, $\gamma = 120°$

単斜晶系
a, b, c:任意
$\alpha = \gamma = 90° \neq \beta$

三斜晶系
a, b, c:任意
α, β, γ:任意

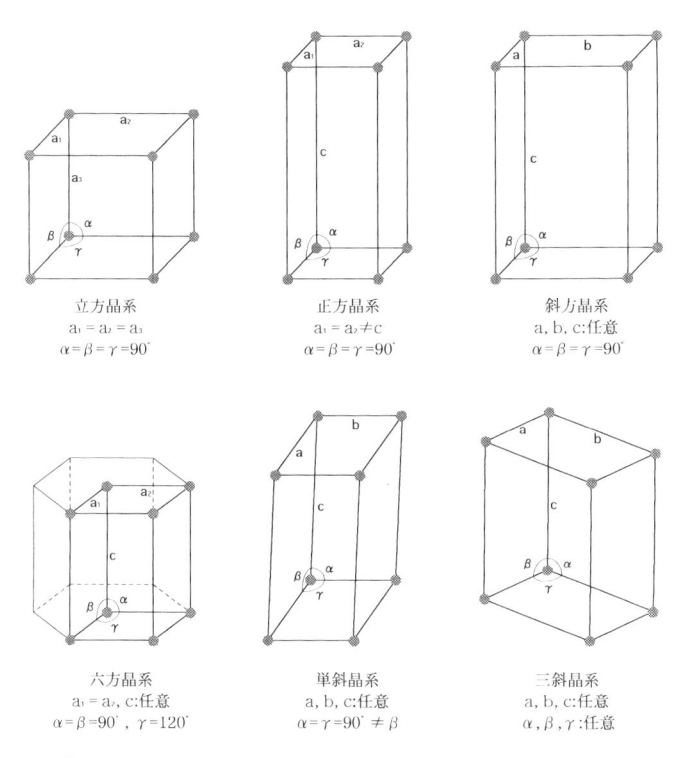

図 6.2　6 つの結晶系．結晶の単位胞は，a, b, c の 3 本の結晶軸で表現でき，軸どうしのなす角を α, β, γ として示してある．

の結晶系のどれかに属している．岩石を構成している代表的な鉱物（造岩鉱物）の化学組成，比重などの特徴を表 6.1 に示した．

表 6.1　主な造岩鉱物の特徴

鉱物名	化学組成	色	比重(g/cm³)	硬度	結晶系
石英	SiO_2	無色〜白色	2.65	7	六方晶系
斜長石(灰長石)	$CaAl_2Si_2O_8$	無色〜白色	2.76	6〜6.5	三斜晶系
斜長石(曹長石)	$NaAlSi_3O_8$	無色〜白色	2.62	6〜6.5	単斜晶系
正長石	$(K, Na)AlSi_3O_8$	無色〜白色	2.55〜2.63	6〜6.5	単斜晶系
黒雲母	$K_2(Fe, Mg)_6Al_2Si_6O_{20}(OH)_4$	黒色〜褐色	2.7〜3.3	2〜3	単斜晶系
白雲母	$K_2Al_4Si_6Al_2O_{20}(OH)_4$	白色	2.77〜2.88	2.5〜3	単斜晶系
単斜輝石	$Ca(Fe, Mg)Si_2O_6$	黒色〜緑色	3.21〜3.96	5〜6	単斜晶系
斜方輝石	$(Fe, Mg)_2Si_2O_6$	黒色〜褐色	3.22〜3.56	5.5〜6.5	斜方晶系
普通角閃石	$NaCa_2(Fe, Mg)AlSi_6Al_2O_{22}(OH)_2$	黒色〜緑色	3.02〜3.59	5〜6	単斜晶系
カンラン石	$(Fe, Mg)_2SiO_4$	緑色〜褐色	3.22〜4.39	6.5〜7	斜方晶系
方解石	$CaCO_3$	無色〜白色等	2.72	3	六方晶系

―実験 1．火山灰を用いた鉱物の観察―

　火山灰中には，さまざまな美しい結晶が含まれているため，鉱物の形を観察するのに適している．ここでは，最も簡単な火山灰観察法について述べる．
〔試料・実験器具〕　火山灰，蒸発皿，実体顕微鏡，薬包紙，細筆，スライドグラス，接着剤．
〔実験〕
1. 野外で火山灰を採集し，実験室に持ち帰る．
2. 蒸発皿に火山灰と水を入れ，親指で火山灰を強く押しつぶし，火山灰中の粘土を洗い流す．水が透き通るまで，この作業を何度も繰り返す．
3. きれいに洗った火山灰を乾燥させ，実体顕微鏡の上に薬包紙を乗せて火山灰を広げて観察する．火山灰中のきれいな結晶を細筆でスライドグラス上に集め，接着剤で固定して標本をつくる．

〔まとめ〕　火山灰に含まれる鉱物の種類によって，火山灰を供給した火山のマグマの組成や噴火様式が推定できる．たとえば，カンラン石や輝石を含む火山はアンザン岩〜ゲンブ岩を噴出した火山であり，噴火様式は比較的穏やかであっただろう．一方，石英，長石，黒雲母などを含む火山灰は，リュウモン岩〜アンザン岩質マグマを噴出した火山から飛来したものであり，爆発的な噴火によって大量の火山灰を放出したのであろう．

6.1.3　固溶体

　造岩鉱物のなかで，黒雲母，輝石などの鉱物は Fe，Mg を任意の割合で含むため，表 6.1 では化学組成を (Fe, Mg) として括弧で示してある．たとえば斜方輝石は，$Fe_2Si_2O_6$（フェロシライト）と $Mg_2Si_2O_6$（エンスタタイト）という 2 種類の純粋な

鉱物（これらを端成分鉱物とよぶ）が混合した鉱物である．同様に，斜長石はNaAlSi$_3$O$_8$（曹長石）とCaAl$_2$Si$_2$O$_8$（灰長石）の混合物である．このように，固体の鉱物中で異なる2種類の鉱物が混合しているものを固溶体（solid solution）とよぶ．ケイ酸塩鉱物の多くは固溶体であり，端成分の混合比によって，鉱物の色や天然での安定領域が変化する．たとえば，角閃石はNaを固溶すると青色が濃くなり，高圧まで安定に存在する．

6.1.4 多　形

石英はSiO$_2$という化学組成をもつ鉱物であるが，同じ化学組成で物性が異なる鉱物が存在する．こうした鉱物を多形（または同質異像；polymorph）とよぶ．石英は1470℃以上の高温になるとクリストバル石へ，3.5 GPa以上の高圧条件下では，コース石へと変化する．さらに10 GPa以上になると，スティショバイトが出現する．スティショバイトの天然での産状は，隕石のクレーターのように，衝撃波によって瞬間的に超高圧の条件が発生する場所に限られている．

方解石と，その高圧相であるアラレ石もまた，多形の関係にある．鉛筆の芯に使われている石墨も，高圧条件下ではダイヤモンドへと変化する．

実験2．鉱物の硬度

表6.1に示された鉱物の硬度は，鉱物を簡単に分類する方法として便利である．これは表6.2に示したモース硬度計により，最も軟らかい滑石を1，最も硬いダイヤモンドを10として相対的な比較の対象としている．硬度のはかり方は，たとえば目的の鉱物に石英をこすりつけると傷がつくが，正長石では傷がつかない場合，その鉱物は硬度6.5である．なお，カッターナイフの刃は硬度5.5である．

表6.2　モース硬度計

1	2	3	4	5
滑石	セッコウ	方解石	蛍石	リン灰石
6	7	8	9	10
正長石	石英	黄玉	コランダム	ダイヤモンド

6.2　地球の内部構造

われわれ人類は，何億光年も離れた星を最新鋭の望遠鏡で観察し，宇宙の壮大な歴史について議論できるようになった．ところが自分たちの足下にある地球の内部については，ほとんど目にすることができない．では，地球内部の構造はどのようにして探ればよいのだろうか．唯一の方法が地震波を用いた地球内部物性の解析である．

6.2.1 地震波による地球内部の探査

地球内部で地震が発生すると，そこから発生した地震波が地中を伝播する．地震の体験を思い出してみると，初めはわずかな振動が起こり，その後しばらくして大きな揺れがやってくる．これは地震波に2種類の波があるためで，P波，S波とよばれている．P波は波の進行方向に対して平行に振動する縦波であり（図6.3），その速度

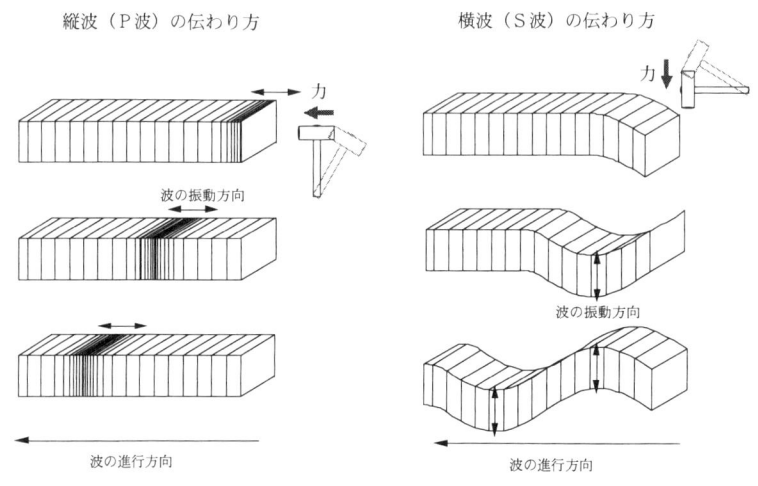

図6.3 縦波と横波の性質を示すモデル図

は地球表層付近で5～6 km/sである．一方，S波は進行方向とは垂直に振動する横波であり，速度はP波よりもやや遅く，約3～4 km/sである．したがって，通常の地震ではP波の方が先に到達する．P波の到達後，S波が到達するまでの時間が初期微動継続時間であり，その長さは震源からの距離に比例する．そのため，震源が近い場合はP波とS波の時間差がほとんどない．

6.2.2 地球の層状構造

地震波の解析結果をもとに，地球内部の地震波速度の分布を示したものが図6.4である．一般的に地震波速度は深さとともに増加するが，その増加パターンは一様ではなく，ある深さでP波，S波ともに急激に変化する場所がある．これは地球内部の物性が著しく変化する場所であり，不連続面とよばれている．図6.4を見ると，地下深部では密度の増加に伴い，地震波速度が徐々に上昇するが，約2900 kmで急激に地震波速度が減少する．これはグーテンベルグ不連続面とよばれている．なお，P波は地球の中心部分まで伝播しているが，S波はグーテンベルグ不連続面より深い部分では伝わらない．横波であるS波が固体のみ伝わるという性質を考えると，2900 km

6.2 地球の内部構造　　83

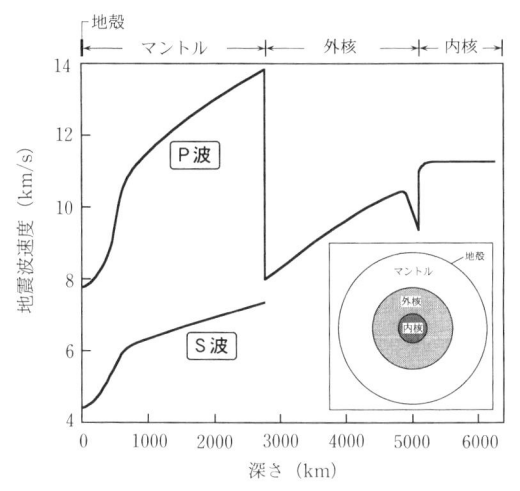

図6.4 地球内部の地震波速度の分布．地震波速度の急激な変化から，不連続面の存在が推定できる．

よりも深い場所には液体が存在することがわかる．この不連続面よりも浅い部分がマントル (mantle)，深い部分が中心核 (core) である．さらに5100 kmで再びP波速度の急激な変化が起こる（レーマン不連続面）．2900 kmから5100 kmまでを外核，5100 kmから地球の中心 (6300 km) までを内核とよぶ．

　一方，地表付近における震央からの距離と地震波（P波）の到達時間との関係を図示したものが図6.5である．これを見ると，震央からの距離が L_0 よりも遠い場所では，通常のP波（P_C）よりも，地球内部の密度の大きい部分を通ってきた波（P_M）

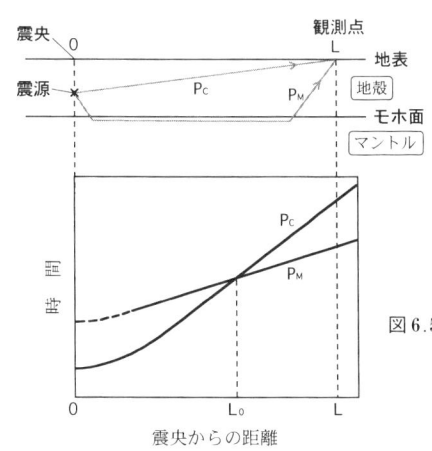

図6.5 震央からの距離と地震波（P波）の到達時間との関係．震央からの距離が L_0 よりも遠い場所では，通常のP波（P_C）よりも，地球内部の密度の大きい部分を通ってきた波（P_M）の方が先に到達する．

の方が先に到達する．これら地球表層付近の地震波の解析から，地下 30～40 km 付近にモホロビチッチ不連続面（モホ面）が存在することが明らかになった．モホ面より浅い部分が地殻（crust），深い部分がマントルである．なお，海洋地域のモホ面の深さは 5～10 km と非常に浅い．海洋地域と大陸地域の地殻の厚さの違いは，海洋地域がゲンブ岩質の海洋地殻（5～10 km）のみによって構成されているのに対し，大陸地域ではカコウ岩質の大陸地殻（～30 km）が海洋地殻上にのっているからである．

6.3 地殻を構成する物質

地殻を構成している岩石は広く地球上に分布しているため，最も研究が進んでいる．これらは堆積岩，火成岩，そして変成岩の 3 種類に分類される．

6.3.1 堆積岩

堆積岩とは，主に水中で微細な粒子が堆積あるいは沈積・濃集することによって形成された岩石の総称である．堆積岩の分布は地球のごく浅い部分（せいぜい地下 2～3 km まで）に限られており，地殻深部では化学反応によって変成岩へと変化したり，高温での溶融によって火成岩となる．

堆積岩のなかで，最も多いのは砕屑岩である（図 6.6(a)）．これは，地表での風化・浸食によってできた砕屑物（石，砂，泥など）が河川などによって運搬され，海や湖に降り積もって堆積し，その後の圧密によって固い岩石となったものである．砕屑岩は粒径をもとに，レキ岩，砂岩，泥岩などに分類されている．これらと区別して，火山噴出物が堆積してできた岩石を凝灰岩とよぶ．

そのほかに化学的沈殿岩と生物岩がある．化学的沈殿岩とは，海水などの溶液から沈殿した物質からなるもので，岩塩，セッコウ，縞状鉄鉱層（鉄鉱石）などがある．生物岩は，サンゴ礁などの石灰質の生物の遺骸によってできた石灰岩（図 6.6(b)）が代表的であり，そのほかに，ケイソウ土（ケイ質の殻をもった植物プランクトンであるケイソウの死骸が，湖や海で堆積してできたもの）や石炭（植物の遺体を起源とする炭質物）などがある．

チャートは細粒・緻密で SiO_2 を主成分とする岩石であり，化学的沈殿岩と生物岩の 2 つの起源がある．生物岩としてのチャートは，ケイ質の殻をもつプランクトンの死骸が深海底でゆっくりと降り積もって形成されたものであり，その堆積速度は 1 cm の地層で約 1 万年と考えられている．

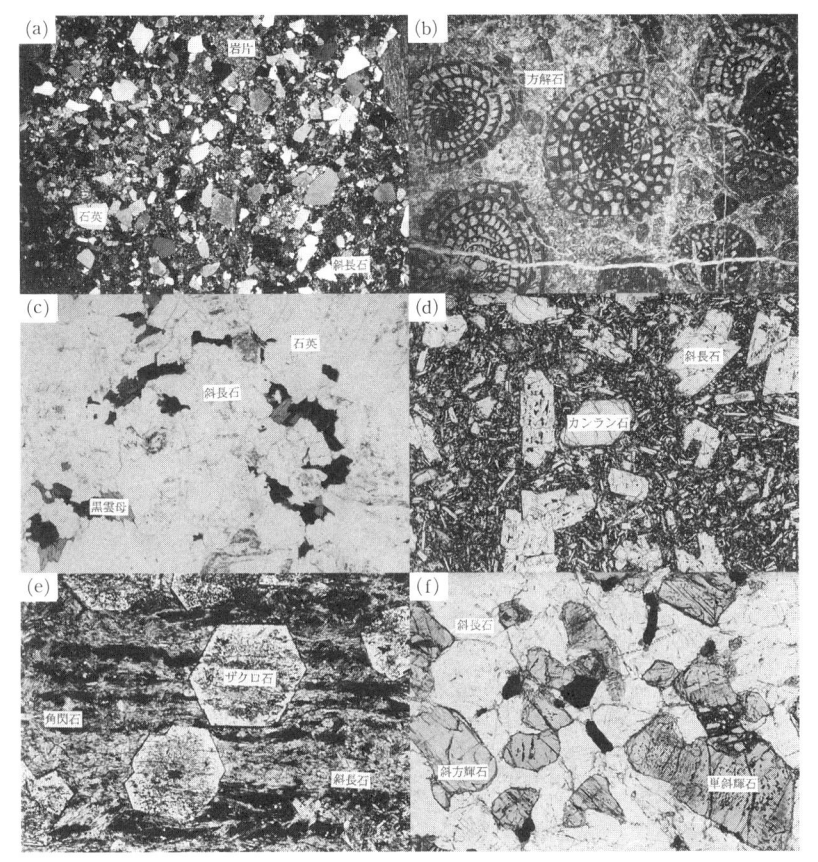

図 6.6 代表的な岩石の顕微鏡写真

(a) 砂岩：不規則な外形をした石英，長石，岩片があり，その周囲をより細粒な粒子によって取り囲まれている．産地：香川県・猪ノ鼻峠，写真の幅：14 mm，オープンニコル．

(b) 石灰岩：ほとんどが方解石（$CaCO_3$）からなる鉱物で，写真のように化石を含むことがある．この化石はフズリナとよばれる海棲の原生動物で，古生代を代表する示準化石である．産地：山口県・秋吉台，写真の幅：14 mm，オープンニコル．

(c) カコウ岩：マグマが地下でゆっくり冷却されたため，どの鉱物も粗粒に成長し，等粒状組織を呈している．産地：島根県・仁多，写真の幅：7 mm，オープンニコル．

(d) ゲンブ岩：火山岩に特徴的な斑状組織を呈する．カンラン石（中心のひし形鉱物）と斜長石（短冊状鉱物）は，マグマの噴出前に地下のマグマだまりで成長を始めたため，比較的粗粒に成長した結晶（斑晶）である．一方，斑晶を取り囲む細粒部分が石基であり，噴火後に急冷された部分である．産地：秋田県・駒ヶ岳，写真の幅：3.5 mm，オープンニコル．

(e) 緑色片岩：比較的温度の低い変成作用で形成された変成岩であり，角閃石，斜長石が一定方向に配列し，片理を形成している．粗粒の斑状変晶として，六角形のザクロ石が見られる．もともとはゲンブ岩溶岩が変成作用を受けた岩石である．産地：ジンバブエ・ブフワ緑色岩帯，写真の幅：3.5 mm，オープンニコル．

(f) 塩基性片麻岩：非常に高温の変成作用によって，輝石，斜長石などの鉱物が粗粒に成長した片麻岩である．原岩は緑色片岩と同様，ゲンブ岩質の岩石であるが，片岩のような鉱物の配列は見られない．産地：南極・エンダービーランド・トナー島，写真の幅：3.5 mm，オープンニコル．

6.3.2 火成岩

火成岩とは，高温のマグマの冷却過程で形成された岩石の総称であり，地球上に最も広く分布する岩石である．また地球のみならず，太陽系の他の惑星にも普遍的に存在する．地球で唯一の衛星である月も，"海"とよばれている黒っぽい部分はゲンブ岩で，"陸"とよばれている白っぽい部分はシャチョウ岩という火成岩からできている．

火成岩は，その形成場所から，地下深くでマグマが固結してできた深成岩と，マグマが地表に噴出するか，あるいは地表のごく浅い場所で急冷されてできた火山岩に区分できる．たとえば図6.6(c)に示したカコウ岩は，どの鉱物も粗粒に成長し，深成岩に特徴的な等粒状組織を呈している．これは，地下深部での比較的ゆっくりした鉱物成長による．一方，図6.6(d)のゲンブ岩は，火山岩に特徴的な斑状組織を呈し，粗粒に成長した鉱物（斑晶）と急冷された細粒部である石基によって構成されている．

マグマ組成の多様性から，火成岩の種類は多岐にわたるが，簡略化すると図6.7に示すような10種類の岩石に分類できる．なお深成岩と火山岩の両方の特徴をもつ火成岩を，半深成岩として定義している．

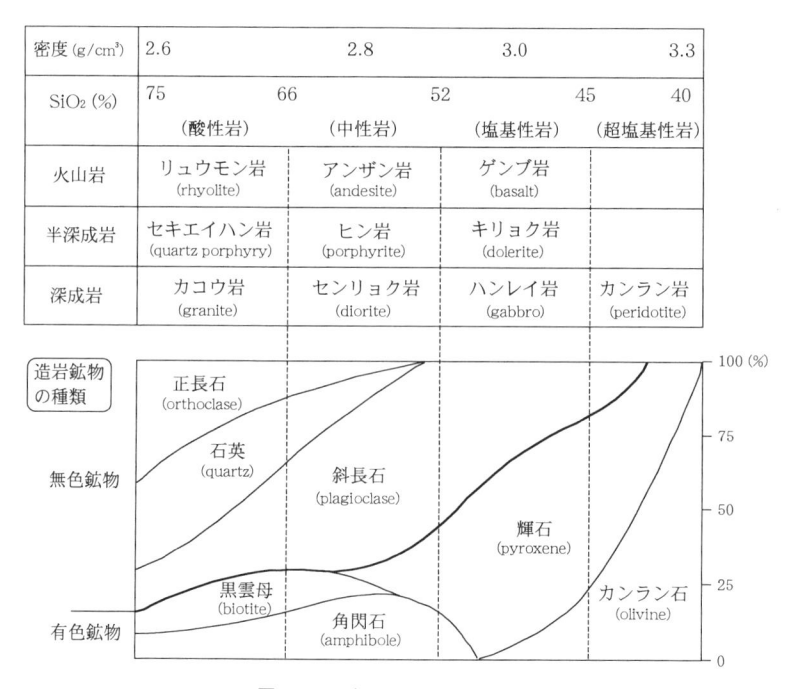

密度 (g/cm³)	2.6	2.8	3.0	3.3
SiO₂ (%)	75　　　　66	52	45　　　40	
	（酸性岩）	（中性岩）	（塩基性岩）	（超塩基性岩）
火山岩	リュウモン岩 (rhyolite)	アンザン岩 (andesite)	ゲンブ岩 (basalt)	
半深成岩	セキエイハン岩 (quartz porphyry)	ヒン岩 (porphyrite)	キリョク岩 (dolerite)	
深成岩	カコウ岩 (granite)	センリョク岩 (diorite)	ハンレイ岩 (gabbro)	カンラン岩 (peridotite)

図6.7　火成岩の分類と造岩鉱物

―― 実験3．ミョウバンを用いた結晶成長のモデル実験 ――――――――
　水溶液をマグマ，ミョウバンを火成岩中の結晶と仮定し，マグマの冷却に伴って結晶がどのように成長するか観察する．
〔試薬・実験器具〕ミョウバン，100 ml ビーカー，ガラス棒，糸．
〔実験〕
1. ビーカーにミョウバン 15 g と熱湯 80 ml を入れ，ガラス棒で撹拌してミョウバンを完全に溶解させる．溶解後，ガラス棒に糸を結びつけ，ビーカーの中に垂らしておく．
2. 室温まで冷却し，ビーカーの底および糸に結晶が成長し始めるのを確認する．糸に付着した結晶のなかで，形状の良い結晶を選び，残りの結晶を除去する．糸を溶液中に再び垂らし，ガラス棒をビーカーに固定して温度がほぼ一定の場所に数日放置する（図 6.8）．

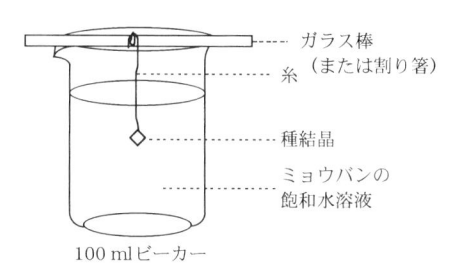

図 6.8　ミョウバン結晶育成装置の概略図

〔まとめ〕表 6.3 にミョウバンの水に対する溶解度を示した．温度の下降により，水溶液が過飽和状態になると，ミョウバンの結晶が成長し始める．自由な空間がある場合，結晶は本来の形状に成長し，ミョウバンの場合は無色透明で美しい正八面体を呈する．なお，クロムミョウバンを用いると紫色の正八面体結晶を得ることができる．

表 6.3　ミョウバンの水に対する溶解度

温度（℃）	0	20	40	60	80
溶解度*	3.0	5.9	11.7	24.8	71.0

*100 g の水に溶解するミョウバンの重量(g)．

6.3.3　変成岩

　変成岩とは，岩石（堆積岩，火成岩，または変成岩）が地下深くで熱や圧力の影響を受け，既存の鉱物が化学反応によって安定な新しい鉱物へと変化してできた岩石で

ある．変成岩を形成するような物理化学的変化をもたらす現象を変成作用とよぶ．変成作用は高温に達すると液体（マグマ）が関与するが，基本的には固体間の反応である．変成作用はその成因から，接触変成作用と広域変成作用に分けられる．

接触変成作用は地殻中に貫入してきた火成岩マグマの熱により，マグマの周囲の温度が局部的に上昇し，細粒で緻密な接触変成岩を形成する現象である．貫入した火成岩体の規模は通常数 m～数十 km であり，形成される接触変成帯の規模も数 cm～数 km である．

一方，広域変成作用は大陸の衝突や海洋プレート（海洋地殻とマントルの最上部）の沈み込みに伴って起こる造山運動と密接に関係しており，その分布範囲も数百 km に及ぶことがある．変成作用の温度圧力範囲は図 6.9 に示すように接触変成作用に比べて広い．高圧低温の変成作用では，緑色片岩，青色片岩，黒色片岩などの結晶片岩

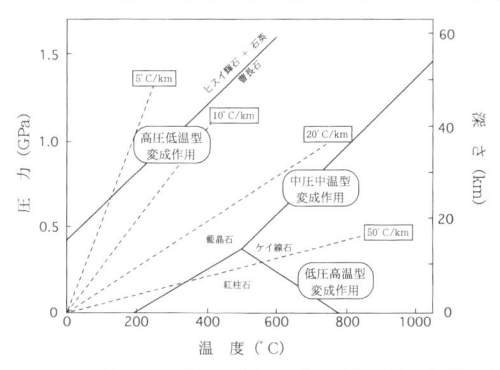

図 6.9 広域変成作用の 3 つの型を示す温度圧力図．図中の破線は地温勾配である．図中で，ヒスイ輝石-石英と曹長石間の直線は，高圧低温型変成作用に特徴的な反応であるヒスイ輝石＋石英＝曹長石の起こる温度-圧力を意味し（Hlabse, Kleppa, *Am. Mineral*., **53**, 1281-1292 (1968)），紅柱石-ケイ線石-藍晶石間の直線は，これら鉱物の安定領域を示す（Holdaway, *Am. J. Sci*., **271**, 97-131 (1971)）．

を形成し，特徴的な鉱物として，ヒスイ輝石，藍晶石などが出現する．結晶片岩の特徴は，図 6.6(e) に示したような片理とよばれる鉱物の配列が見られることである．一方，低圧高温～中圧中温の変成作用では，比較的粗粒な片麻岩を形成し（図 6.6(f)），高温の変成作用に特徴的なケイ線石を含む岩石も見られる．

実験 4．河原の石を調べる

河原には，堆積岩，火成岩，変成岩など，いろいろな種類の岩石が散らばっている．いわば天然の岩石博物館である．

同じ川の上流，中流，下流の石を比べてみると，石の大きさ・形・円磨度・球形度，扁平度などが系統的に変化していることがわかる．また，流域の違いによって石の種類が大きく異なる場合もある．

6.4 マントル・核を構成する物質

6.4.1 マントル

マントルは地下約 35 km(海洋地域は数 km)から 2900 km に存在し,地球の体積の約 80 % を占めている.マントルのほとんどはカンラン岩からなり,主な構成鉱物はカンラン石,輝石,ザクロ石,スピネルなどである.

実験的に求められたマントルの溶融温度とマントル中の温度構造(地温勾配)を図6.10 に示す.通常のマントルの場合,その溶融温度は実際のマントルの温度に比べ

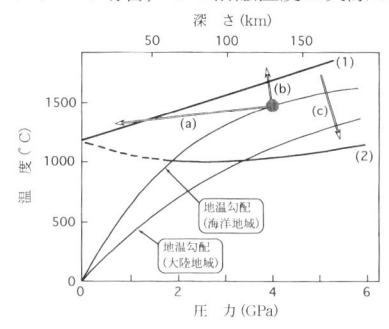

図 6.10 カンラン岩の溶融曲線を示す温度圧力.(1) 無水カンラン岩の溶融曲線.(2) 水に過飽和状態のカンラン岩の溶融曲線(Kushiro et al., *J. Geophys. Res.*, **73**, 6023-6029 (1968)).なお,大陸および海洋地域の地温勾配も図中に示している(Clark, Ringwood, *Rev. Geophys.*, **2**, 35-88 (1964)).(a), (b), (c) はカンラン岩の溶融によってゲンブ岩質マグマが形成されるための 3 つのプロセスを示す.

てはるかに高温である.この事実からマントルが固体として存在することがわかる.ところが特殊な条件下においてマントルの溶融が起こり,ゲンブ岩質マグマが形成される.たとえば,

1) 温度がほぼ一定のまま圧力(深さ)が減少する
2) 圧力一定のまま,温度が増加する
3) マントルに水が添加されることによって溶融温度が低下する

などである.こうした特殊な形成場については,6.5.1 で解説する.

地殻の下にあるマントルをわれわれは直接見ることができないが,マントルが地表に出ている場所がある.これは,海溝で海洋プレートが沈み込むときに,沈み込まれる地殻中に海洋プレートの断片が取り込まれることによって形成される.こうした岩石をオフィオライト(ophiolite)とよぶ.例としてオマーンや京都府・夜久野のオフィオライトがある.

一方,マントル中を上昇するマグマが,周囲のマントル物質を取り込んで地表に到

達する例もある．たとえば，日本列島の日本海側（秋田県・一ノ目潟や島根県・隠岐島後など）には，アルカリゲンブ岩とよばれる岩石が分布している．この火山岩のマグマは50 km以深の上部マントルで形成されたものであり，上昇過程で上部マントルのカンラン岩や下部地殻のハンレイ岩などを取り込んでいる．こうして取り込まれた岩石を捕獲岩（ゼノリス）とよぶ．

6.4.2 核

地球の中心に存在する核がどんな物質によって形成されているか，われわれは全く見ることができない．しかし，近年の地震波速度の精密決定や隕石の化学組成データ，高温高圧下での実験岩石学的データから，核は金属鉄と微量の硫黄，ニッケルの合金によってできていることがわかっている．

外核が液体の金属鉄でできていることは明らかになっているが，この外核中の対流運動が，地球磁場を発生させる機構であると考えられている．液体の金属鉄は高圧条件下では固体になるため，地下5100 kmの不連続面におけるP波速度の上昇は，金属鉄の相転移によるものと考えられている．

6.5 岩石の空間的・時間的分布

われわれの周りにある岩石は，46億年の地球史において，さまざまな場所や時代で形成されている．つまり岩石は，地球の中の情報を教えてくれる玉手箱であり，過去の地球の姿を保存したタイムカプセルなのである．

6.5.1 岩石の空間分布

地球を構成する岩石について6.3で述べてきたが，これら岩石の地球における分布はきわめて特徴的である（図6.11）．

堆積岩の形成場所は，その大部分が大陸棚周辺である．これは堆積岩の形成に必要な砕屑物の供給源が大陸にあるからである．また，深海底ではチャートが形成され，火山島などで石灰岩が形成される．

火成岩は地球のさまざまな場所で形成されるが，海嶺におけるゲンブ岩質マグマの形成量が最も多い．これは図6.10の(a)のプロセスで説明できる．つまり，マントル対流によってカンラン岩が地下からほぼ等温のまま上昇することによって，大規模なマグマが形成され，固結して火成岩となる．また，カンラン岩が周囲から温められれば，(b)のプロセスでマグマが生成される．一方，日本のように海洋プレートが沈み込む部分では，堆積物や水を含む鉱物から供給された水によりカンラン岩の溶融曲線が低温側にシフトし，(c)のプロセスでマグマが形成される．同時に沈み込み帯では，ゲ

6.5 岩石の空間的・時間的分布　91

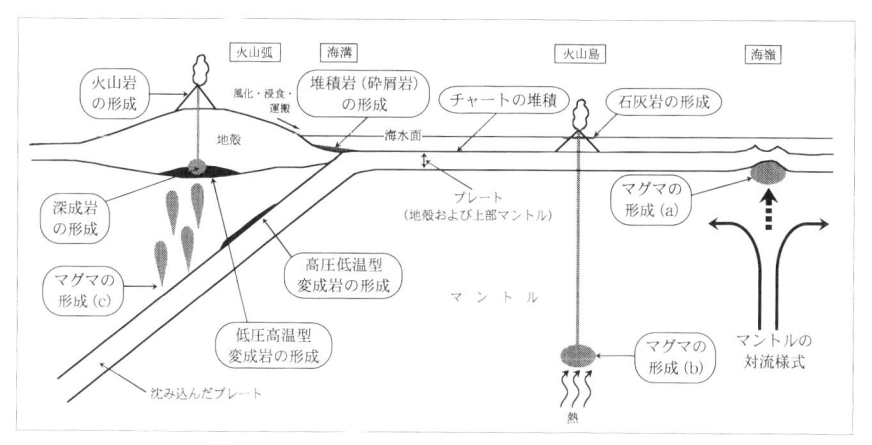

図 6.11　地球表層における岩石の分布を示すモデル図

ンブ岩質マグマなどからの熱によって下部地殻が再溶融し，カコウ岩質マグマを形成する．

　広域変成岩の形成場所は，高圧低温型と低圧高温型で大きく異なる．高圧低温型変成岩の形成には，地温勾配が 5〜10°C/km という，温度上昇率がきわめて小さい場所が必要である．こうした環境は，プレートが沈み込む海溝付近でのみ実現可能である．一方，低圧高温型変成岩は逆に温度上昇率が大きい必要がある．それに適した場所として，マグマからの熱が定常的に供給される地殻下部があげられる．

6.5.2　世界最古の岩石

　46 億年という地球の年齢は，地球上に落下した隕石の年代，月の岩石の年代，そして地球上の鉛同位体の組成から推定されたものである．それでは，地球起源の最も古い岩石は何年前に形成されたのだろうか．現在得られている最も古い年代は，カナダ・スレーブプロビンスにあるアキャスタ片麻岩の 39.6 億年である．同様の 40 億年前の岩石は，南極・エンダービーランドからも報告されている．これらはすべて変成岩であり，40 億年前にできた岩石がその後の時代に変成作用を受けたにもかかわらず，形成時の年代を保存している．

　40〜46 億年前は地球史上の空白時代である．しかし，カコウ岩などに微量に含まれるジルコン（$ZrSiO_4$）という鉱物が当時の情報を記録している．この鉱物は物理化学的にきわめて安定な鉱物であり，風化に強く，熱の影響を受けても融けにくい．そのため，オーストラリアの砂岩中に含まれるジルコンから 42 億年の年代が得られている．この 42 億年の岩石はもはや地球上には存在しないが，ジルコンだけが浸食，運搬されて堆積岩になっても，42 億年前の記憶を失わずに残しているのである．

6.5.3 日本最古の岩石

6.5.2で述べた世界最古の岩石は，安定大陸とよばれる地域に分布している．この地域は主に先カンブリア時代（今から6億年よりも古い時代）の岩石が広く分布しており，活発な地殻変動が現在はほとんど起こっていない．一方，日本列島は現在も成長しつつある島弧であり，顕生代（6億年以降で，古生代，中生代，新生代からなる）の岩石がほとんどである．

ところが日本にも20億年に達する年代をもつ岩石が見つかっている．1つは岐阜県・上麻生に見られる「上麻生レキ岩」から発見された，20億年前のレキである．これは，レキを供給した河川が，20億年前のカコウ岩からなる山から流れてきたことを意味している．また，岩体としては，島根県・隠岐島後に見られる「隠岐片麻岩」の角閃岩（主に角閃石，斜長石からなる片麻岩）からもまた，20億年という年代が得られている．これは，角閃岩の原岩と考えられるゲンブ岩質の岩石がマグマから固結した年代を意味しており，ユーラシア大陸につづく大陸地殻の断片と考えられている．

【演習問題】

6.1 地震によって，震源から離れたある場所で観測した初期微動継続時間が6秒であった．P波の速度を5 km/s，S波の速度を3 km/sとして，震源までの距離は何 kmか．

6.2 月の表面を望遠鏡で観察してみると，白っぽい「陸」の部分はクレーターが多く，黒っぽい「海」の部分はクレーターが少ない．すべてのクレーターが微惑星の衝突によるものだとすれば，この理由はなぜか．

6.3 次の特徴をもつ火成岩の名前を，図6.7から選んで答えよ．
 1) 火山岩の一種であり，主に斜長石，輝石，カンラン石よりなる．
 2) ほぼ同じ大きさの石英，斜長石，カリ長石からなる粗粒岩石であり，まれに黒雲母を含む．
 3) 斑状組織を呈し，斑晶は主に斜長石，角閃石である．

6.4 ある鉱物に塩酸をたらしたところ，激しく泡を出してCO_2ガスが発生した．この鉱物は何か．

6.5 上記の鉱物を主成分とする岩石が広く分布している地域には，カルスト地形や鍾乳洞が見られる．これらの特徴的な景観は，CO_2を含む水と岩石との反応で起こるが，その反応式を示せ．

6.6 図6.10で示したマントルの地温勾配は，大陸地域に比べて海洋地域の方がより高温である．この理由はなぜか．

7

地球をめぐる物質

　地球には数限りない物質が存在しており，それらは通常一つところに留まってはいない．物質は，さまざまな量的，時間的スケールで地球をめぐっており，それが"生きている地球"を演出している．

　地球はいくつかの圏に分けて扱うことが可能であるが，本章では岩石圏の上部，気圏，水圏および生物圏をまとめて"地球表層"として扱った．また対象として大気，水，炭素，硫黄に特に注目し，地球表層でのそれらの移動・循環様式について，主に化学的な観点から概観し，さらに物質の移動・循環が地球表層環境に大きく影響を及ぼす事例をいくつか紹介する．また本書は物質科学が主題ではあるが，"現在"の地球表層における物質循環の特徴を明確にするために，過去の地球環境との比較も行った．

7.1　循環する物質

7.1.1　大　気

　1）大気組成　地球の大気は表5.3にあるように，窒素（N_2）と酸素（O_2）を主成分とし，そのほかにアルゴン（Ar），二酸化炭素（CO_2）などである．これらの成分の割合は，高度80 km付近まではほとんど変化しない．

　太陽系の他の惑星の大気組成と比較すると，地球大気の特異性は際だっており（表5.3），著しく化学的に非平衡状態にある．現在，地球温暖化問題で矢面に立っている二酸化炭素は，比較惑星学的な視点で他の惑星と比較すると，地球では著しく少ない．これは地球にもともと炭素が少ないということを意味しているわけではなく，地球表層におけるほとんどの炭素が，堆積物中に有機物や炭酸塩のかたちで取り込まれ

ていることに起因している．

2) 大気の大循環　気温の高度分布は，地表から順に下降，上昇，下降，上昇と大きく変化し，このような気温の変化に従い，下から対流圏（troposphere），成層圏（stratosphere），中間圏（mesosphere），熱圏（thermosphere）の4つに分類できる（図7.1）．このうち大気を介した物質循環の主な舞台となるのは，対流圏と成

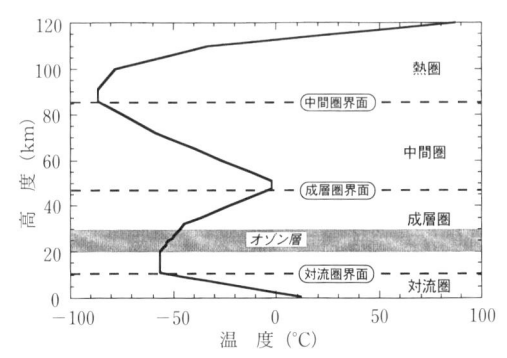

図7.1　地球における大気の構造（1976年米国標準大気より作成）

層圏である．地表から高度11 km程度までが対流圏であり，ここで雲の発生や降雨といった気象現象のほとんどが起こる．対流圏の上限が対流圏界面（tropopause）で，対流圏界面から高度50 km付近までを成層圏とよぶ．成層圏では気温は高度とともに上昇するため，大気は垂直方向には安定しており対流は起こらない．したがって，地表から放出された物質が対流圏界面を越えるか否かが，その物質の大気中での滞留時間を大きく左右することになる．また成層圏にはオゾン層（ozone layer）とよばれるオゾン（O_3）に富む層があり，太陽放射に含まれる紫外線をよく吸収する役割を果たしている．

われわれが通常の生活で実感できる大気の移動とは，まさしく風のことである．大

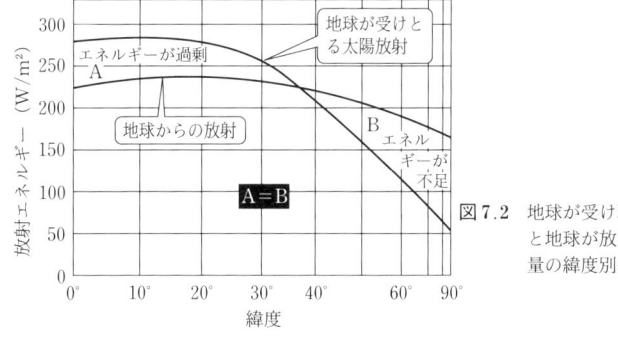

図7.2　地球が受け取る太陽放射量と地球が放出する地球放射量の緯度別分布

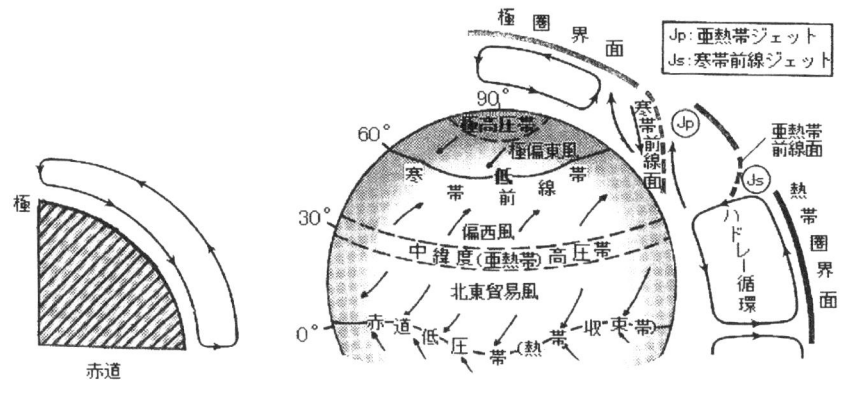

(a) 地球が自転しないと考えた場合の大気循環
(b) 地表付近の大気の流れと子午面上の大気循環

図7.3

気の大循環は主に対流圏で起こっており，地球が太陽から受け取る熱エネルギーの不均質性（図7.2）を原動力としている．したがって基本的には図7.3(a)に示すように，赤道付近で暖められた大気は上昇し，極付近で冷やされた大気が下降して，南北方向の対流が卓越するはずである．しかし実際には自転の効果などが加わって，図7.3(b)に示すような複雑な循環をしており，低緯度，高緯度に大きな循環のセルが見られる．中緯度には前線が発達し，低気圧，高気圧の移動・消長に伴い天気が大きく変化する．

3）大気組成の変遷 現在の大気組成は，不変的なものではなく，地球史の中で，大きく変動してきた（図7.4）．窒素は現在の地球大気では，最も主要な成分であり，原始地球が形成された当時も現在とほぼ同じ程度に存在していたと考えられている．酸素は原始地球には全く存在しておらず，光合成をする生物が地球に誕生して以来，蓄積されてきた．二酸化炭素は，地球生成時は主成分であったが，海洋の形成に伴って海水に溶け込んだこと，岩石の風化作用により消費されたこと，また光合成の活発化により堆積物中に有機物として固定されたことなどにより，急激に減少し，現在のレベルまで落ち込んでいる．この二酸化炭素の減少は，太陽光度の大幅な増加にもかかわらず，地球気温がほぼ一定に保たれてきたことを解く鍵となっている．この点に関して，7.2.3で詳しく論ずる．アルゴンは，岩石の中に含まれるカリウムが放射壊変した際に生じ，それが火山ガスとして地球表面に放出されたものであると考えられている．

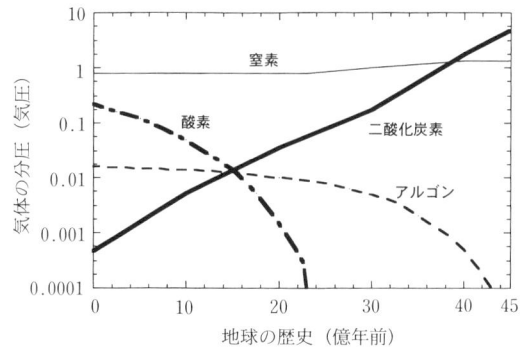

図7.4 大気組成の変化（丸山・磯崎，1998を修正）

7.1.2 水

1) 地球表層における水の存在状態　地球における水は，液体の水のほかに気体の水蒸気，固体の氷雪の合計3つの状態で存在している．現在の地球表面における水の分布を表7.1に示す．水蒸気，水，氷雪の存在比を表7.1から計算すると約1：10^6：2000となり，水が圧倒的に多い．また日本で生活していると，なかなか実感しがたいことであるが，現在の地球表層環境において海水に次いで多い水の存在状態は，極域に分布する氷床である．

表7.1　地球表層に分布する水

分　布	量 ($10^3 km^3$)	百分率 (%)
海　水	1,349,929	97.50
氷　雪	24,230	1.75
地下水	10,100	0.73
地表水（土壌水を含む）	245	0.018
大気中の水蒸気	13	0.001
生物体の水	1	0.0001
計	1,384,518	

（数研出版，地学IB, p.231.）

2) 水蒸気　水が蒸発したものが水蒸気であり，それが大気中に存在する細かいちりやほこり，海水の飛沫などから生じた塩類の微粒子を核として凝結したものが雲である．また水蒸気は温室効果ガス（greenhouse gases）の一つでもある．

海面や地表から蒸発する際には，周囲から多量の熱を奪い，大気中で凝結するときには潜熱を放出して，地表から大気への熱の輸送（潜熱輸送）を行う．また海洋から陸域への水の運搬をになっている．

―**実験1. フラスコの中で雲を発生させる**―――――
〔実験器具〕空気入れ，丸底フラスコ（1000 ml），ビニール管，ゴム栓，スタン

ド，線香．

〔手順〕 上の実験器具を図7.5のように設置し，以下の手順で雲が発生する様子を観察する．

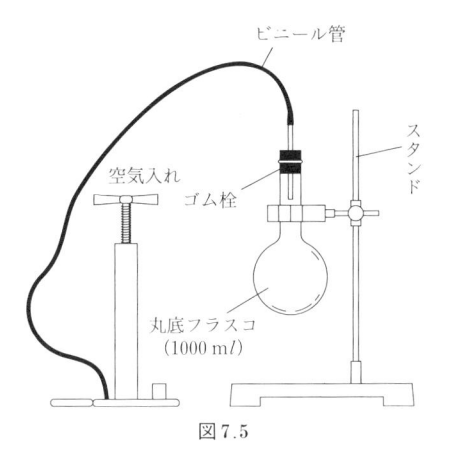

図 7.5

〔実験 1〕
1. 丸底フラスコに少量のぬるま湯を入れ，よく振ってからぬるま湯を捨てる．
2. 水でぬらしたゴム栓をして，スタンドに固定する．
3. 空気入れで徐々に加圧する．
4. ゴム栓がはずれるところまで加圧をする．

〔実験 2〕
上の1と2の間で，線香の煙を吹き込んでみて，同様の実験をする．

〔考察〕
1. どの段階でフラスコ内に霧が発生したか？ またそれは何故か？
2. 実験1と実験2ではどのような違いがあったか？ またそれは何故か？
 （注意）ゴム栓はきつくしめすぎないように注意すること．

3) 水　水は地球表層における物質運搬の主役的存在であり，それ自身の移動に伴い物質の運搬を行っている．その様式としては削剝，風化の産物であるレキ，砂，泥を懸濁させた状態で運搬する場合と化学的風化により生じた物質を溶存させた状態で運搬する場合の2通りある．これらの運搬形式により水は，河川水，地下水などを通して，主に陸域から海洋への物質運搬になっている．

4) 氷雪　氷雪は主に南極，グリーンランドなどに大陸氷床という形で存在する．氷床は不動ではなく，岩石を削りながらゆっくりと移動する．カールなどの氷河地形というのは，いわばそのなごりである．

地球表層における熱収支の観点からも大陸氷床の存在は重要である．氷床は，入射光に対する反射光の強さの比を表すアルベド（albedo）を大きく変化させる．すなわち地球に大規模氷床が存在している場合は，アルベドが増し（太陽光の反射の割合が高まり），地球表層気温がますます低下する方向に働く．つまりいったん，地球に大規模氷床が形成されると，それが地球気温を低くする方向に働く（正のフィードバック）．

現在のように南極に大規模な氷床があるという状態が，過去においてもずっと続いてきたわけではなく，南極大陸で氷床の生成が開始されたのは第三紀以降（約4000万年前以降）である（7.2.1参照）．これまでの研究で，地球史においては大規模な大陸氷床が，先カンブリア時代後期（約7億年前～6億年前），石炭紀後期～ペルム紀前期（約3.4億年前～2.7億年前）にも存在していたことが明らかになっている．先に述べたように，現在の水の存在状態として海洋に次いで多いのは大陸に分布する氷床である（表7.1）．したがって地球上に大陸氷床が全く存在していなかった時代には，水全体の2％にあたる分が基本的には海洋に分布していたわけである．大陸に氷床が存在しない時代の海面が，現在よりもかなり高かった理由の一つである．

5） 水の大循環　現在の海洋は，表層部と深層部で全く異なった大循環がなされている．海洋の表層部の循環は，基本的には，大気の大循環と同様に，地球が太陽から受け取る熱エネルギーの不均質性が原動力となり，それに地球の自転の効果が加わり駆動されている．一方，深層大循環（deep water circulation）は，表層部で比重が大きい水が大規模かつ定常的に生成され，それが深部に落ち込むことが原動力となっている．たとえば大西洋の南北断面を見ると，両極付近で表層水が落ち込み，それが大西洋を縦断している様子が読み取れる（図7.6）．また全球的には図7.7に示したように，グリーンランド沖で冷やされ，比重が大きくなった海水が沈み込み，大西洋を南下する．さらに南極周辺でウェッデル海において冷やされ沈み込んだ海水と混じり，インド洋を東進した後，太平洋を北上するという経路を通る．この一連の移動に要する時間はおよそ2000年であることが明らかとなっている．

7.1.3　生元素

生元素としては，炭素，窒素，リン，硫黄などが知られているが，このうちリンを除いた炭素，窒素，硫黄はいくつかの安定同位体（stable isotopes）からなっている．そのため，この同位体比を解析することにより，地球における循環の様子がかなりリアルに復元されている．これらの元素は生体中で重要な役割を果たし，生物にとって不可欠な元素であることから，その名で括られている．しかし生物体以外の存在形態もとり，実は地球表層において，量的には他の存在形態である場合の方が普通である．さらにさまざまな存在状態の量比の変遷は，地球史において大きな意味を有し

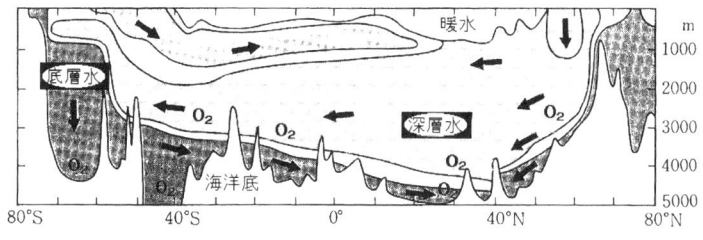

図7.6 大西洋の深層水の流れ（小池，1996を修正）

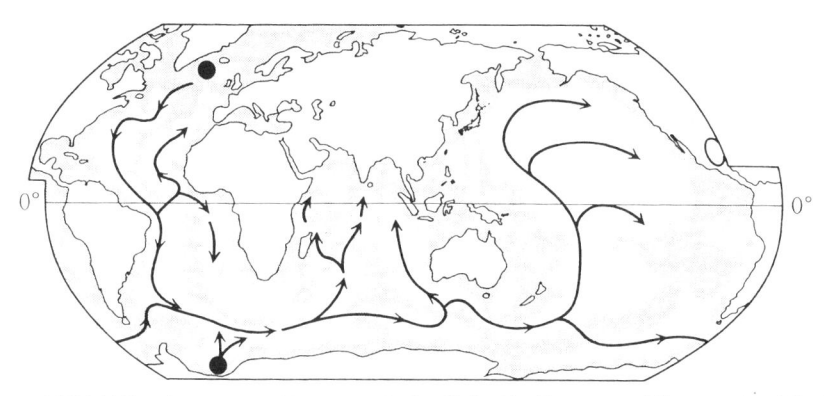

図7.7 深層大循環．グリーンランド沖，ウェッデル海で海水が沈み込んでいる（増田，1996を一部修正）．

ている．

1）炭　素

気　体：大気中の炭素化合物には，二酸化炭素，メタン，一酸化炭素が存在しており，99％以上は二酸化炭素で占められている．二酸化炭素，メタンとも重要な温室効果ガスであり，それらの大気中濃度は地温に大きな影響をもつ．

溶存態：海洋にも多くの炭素が蓄積されており，無機炭酸系物質と有機物質に分けられる．無機炭酸系イオンには H_2CO_3，HCO_3^-，CO_3^{2-} などがあり，HCO_3^- が最も多い．溶存性有機炭素には，炭化水素，糖類，アミノ酸，フミン酸などがある．海水中の溶存有機物の起源には，生存中のプランクトンから放出された物質，プランクトンの遺骸の分解産物，河川からの供給物質の3つがある．

非溶存態（有機物）：非溶存態の有機物には，大きく生物体を構成するものとその遺骸，および遺骸が堆積物中に埋没後，熟成・変質したものがある．

非溶存態（炭酸塩）：地球表層にはさまざまな種類の炭酸塩が存在するが，量的に最も卓越しているのが，生物の骨格をなしている炭酸カルシウム（方解石，アラレ石）である．この成因から明らかなように，堆積岩中に大規模な炭酸カルシウムが含

まれるようになるのは，生物が強固な骨格を身につけるようになったカンブリア紀以降のことであり，それ以前は小規模な分布に限られている．

2）硫 黄

気　体：硫黄化合物の気体としては，二酸化硫黄（SO_2），硫化水素（H_2S），硫化ジメチル（$(CH_3)_2S$；DMS），硫化カルボニル（COS）などがある．ここにあげたすべての気体は，自然環境下で天然に生成されうるものである．二酸化硫黄，硫化水素は火山ガスとして放出される．硫化水素，硫化ジメチル，硫化カルボニルは生物活動により放出される．また二酸化硫黄は現在，化石燃料の燃焼などにより人為的に大量に放出されており，単位時間当りの放出量は陸域，海域を合わせた地域から，天然に放出される硫黄化合物気体の量を凌駕するほどである．硫黄に関しても，人間が大気組成を，人間誕生以前と全く異なったものに変えてしまったのである．

溶存態（硫酸イオン，溶存性気体）：水に溶存している硫黄化合物で代表的なものは硫酸イオン，硫化水素などである．特に海洋においては，硫酸イオンは主成分のひとつである．環境水中の硫化水素は，還元環境下で硫酸還元細菌（sulfate-reducing bacteria）が硫酸イオンを還元することにより生成される．したがって，硫化水素は現在の海洋のように，十分に垂直循環が行われているような海洋において普遍的に見られるわけではない．硫化水素は主に堆積物中の間隙水に含まれるほか，海水が成層化している黒海やカリアコ海溝などの無酸素部に豊富に含まれる．

生体硫黄：生体を構成する硫黄は主としてシスチンなどのアミノ酸に含まれる．これらはもともと植物が環境中の硫酸イオンを同化して獲得したものであり，動物においては食物として下位の動植物から摂取したものである．

有機硫黄：石炭，石油などの化石燃料に多く含まれる．人間が工業活動をすると，硫黄化合物の気体が発生する要因は，この化石燃料に含まれる有機硫黄である．

硫酸塩：セッコウ（$CaSO_4 \cdot 2H_2O$），硬セッコウ（$CaSO_4$）などとして広く分布している．これらの鉱物は，非常に乾燥した入り江などで，海水が干上がることにより生成されたものである．地球表層には全海水中に含まれる硫酸イオンの約5倍分に相当する硫酸塩が分布している．

干上がった地中海

大規模な蒸発岩の生成機構が明らかとなっている例として，約500万年前の地中海が有名である．第三紀中新世末のメッシニアン期（Messinian age）に，地中海と大西洋を結ぶジブラルタル海峡が閉鎖し，地中海が大西洋から切り離された．それにより地中海は干上がり，大量の岩塩をはじめ，炭酸塩，硫酸塩からなる蒸発岩が生成された．ジブラルタル海峡から時折，海水が流入し，それがまた干上がるということを繰り返したので，地中海を約30回蒸発させた量に匹敵する蒸発岩が堆積している．このイベントは世界の海洋の塩分濃度が2％程度減少したことから

"メッシニアンの塩分危機"といわれている．地中海の海底下には現在も大量の岩塩や硫酸塩が横たわっているのである．

硫化物：天然には，鉄，銅，鉛，亜鉛など数多くの種類の硫化物が存在している．量的には，堆積物，堆積岩，火成岩，および変成岩中に含まれる黄鉄鉱（FeS_2）が主なものである．堆積物，堆積岩中に含まれる黄鉄鉱は，硫酸還元細菌による硫酸イオンの還元により生じた硫化水素と鉄水酸化物，酸化物との反応により生成される．

7.2 物質の循環と地球の成り立ち

ここでは，物質の循環が，地球環境に大きな影響を及ぼす事例をいくつかあげて，解説する．さまざまな地質学的な時間スケールの物質循環の巧妙さを示すために，数年レベル，数千万年～数億年レベル，数十億年レベルの3つの事例を示した．

7.2.1 火山の噴火と気候変動の関連性（数年レベルの物質循環）

火山の噴火は地球内部からのマグマの放出という意味に加え，プレート運動により地球内部へ運び込まれた水，二酸化炭素の循環ととらえることができる．一般的な火山ガスの主成分は，水蒸気と二酸化炭素であり，他に塩化水素，二酸化硫黄，硫化水素などを含む．

大規模な火山活動が起こると，地球表層環境に次の3つの作用を及ぼすことが明らかとなっている．

1) **気温の低下**　　大規模火山活動が起こり，特に成層圏にまで火山灰や二酸化

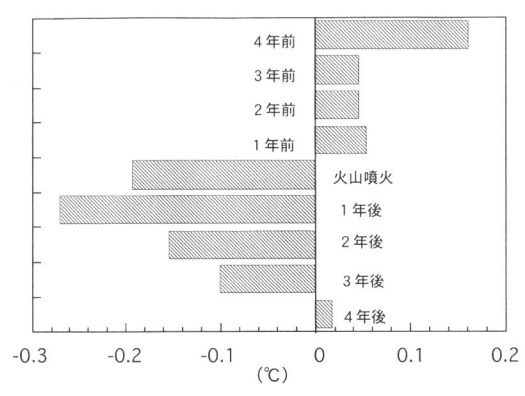

図7.8　大規模火山爆発の前後4年間の北半球平均気温．噴火の翌年に気温が低下し，それが3～4年続く．

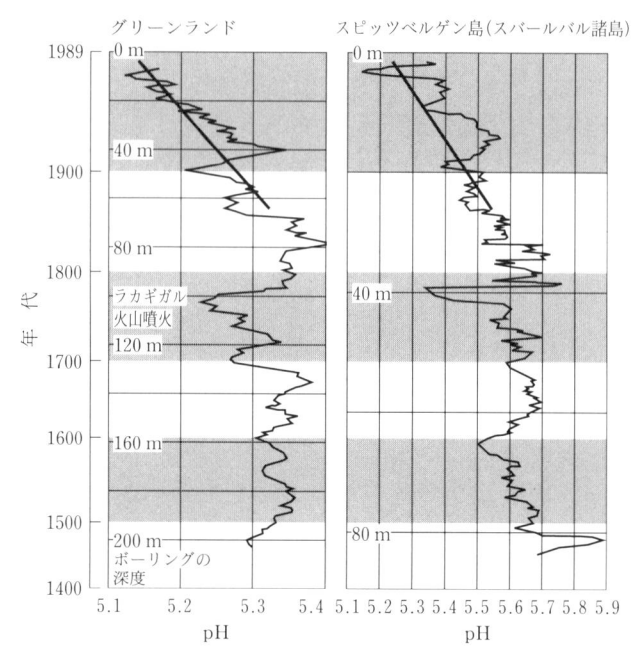

図 7.9 北極圏の氷床により復元された過去の雪の pH
(藤井理行他, 日経サイエンス, 1991 年 1 月)

硫黄ガスがもたらされるような噴火が起こった場合, 3〜4 年間, 0.2 度程度, 平均気温が低下する (図 7.8). 成層圏に停滞している微粒の火山灰や二酸化硫黄ガスは, 酸化され硫酸エアロゾルとなり, 太陽からの光を反射, 屈折, 吸収, 散乱させ, 気温を平均的に低下させる. さらにエアロゾルは大気中の微粒子 (直径 0.001〜10 μm) であり, 雲を形成する核として働くため, エアロゾルの増加は雲の形成の増加をもたらす. 結果として, 太陽光を遮ることとなるため, 地球の平均気温を下げる.

2) 雨・雪の酸性化 現在の大気中の二酸化炭素と雨との反応が平衡状態にまで進行したとすると, 雨の pH は 5.6 程度になる. したがって, 通常の化学的な意味でいえば, 人間が工業活動を開始する以前から地球に降る雨は常に酸性であった. したがって環境問題としての "酸性雨 (acid rain)" の定義は pH が 5.6 以下の雨のことを示している (第 8 章「物質と地球環境」を参照のこと).

大規模火山活動が, 雨や雪の pH を下げることは, 近年盛んに研究されている極域における氷床コアからも明らかとなっている (図 7.9). この図によると, 産業革命以降, 氷雪が酸性化していった傾向と同時に, 1783 年に大規模な酸性化のピークが認められる. この 2 つの傾向は, どちらも放出された硫黄ガスが大気中で酸化されて

生成された硫酸によるものである．1783年に見られる氷雪の酸性化は，アイスランドのラカギガル火山列の噴火が原因とされている．この噴火はアイスランドの歴史時代（9世紀以降）最大の噴火であり，火山灰と火山レキ 0.75 km³，溶岩流 14 km³ に及んだ．これは東京ドームおよそ 15,000 杯分にあたる．このラカギガル火山の噴火の特徴はその溶岩の噴出量の巨大さのみならず，火山ガス中の二酸化硫黄の多さ（1.4億万トン）であった．この二酸化硫黄が空気中で酸化され，硫酸となり，酸性雨となり降り注いだわけである．

　3） **オゾン層の破壊**　　オゾン消失反応システムは，エアロゾルが存在すると著しく加速される．

　特に今世紀最大規模といわれたピナツボ火山の噴火により，世界各地で成層圏エアロゾルの増加が見られ，あわせてオゾン層の減少が観測された．

宮沢賢治と温室効果

　スウェーデンのノーベル賞化学者アレニウスが，大気中の二酸化炭素濃度と気温の関係を指摘したのは，宮沢賢治誕生と同じ1896年のことであった．宮沢賢治は，1920年代において，すでに二酸化炭素と気温の関係についてを知っており，冷害に悩む農民たちを救うために，人工的に火山を噴火させて，大量の二酸化炭素を大気中に放出させ，気温を上昇させる，という試みを童話のなかに織り込んでいる（宮沢賢治「グスコーブドリの伝記」）．先に述べたように，現在の知識では通常の大規模火山噴火は同時に噴出する塵や硫黄酸化物ガスの作用により，全地球的な気温の低下を招くことが明らかにはなっている．しかし賢治はその火山に架空の"カルボナード火山"という名称をつけ（井上 (1992) によれば，炭酸塩 carbonate を意味している），二酸化炭素のみの放出を可能にしている．

7.2.2　海洋の大循環と物質の濃集（数千年〜数億年レベルの物質循環）

　7.1.2 で述べた 2000 年に及ぶ海洋の大循環も，地質学的な時間スケールでみると，決して定常的なものではなく，大きく変化してきたことが明らかとなっている．海洋の大循環は，大氷床が形成されるほど，極域が冷え切っているか否かに大きく影響されている．地球上に大規模な大陸氷床が存在していた時代を氷河時代（アイスハウス），地球上に大陸氷床が存在していないか，存在していても小さい時代を無氷河時代（グリーンハウス）とよぶ．地球環境は，簡単にいってしまえば，氷河時代と無氷河時代の繰り返しである．現在のような氷河時代では，極域が低温であり，そこが深層水の供給源となる．そのため，海洋の垂直混合は活発に行われ，氷河時代の深海へは酸素がたっぷりと供給される（図7.6）．一方，無氷河時代では，極域は高温であり，比重の大きな海水の生成域とならない．したがって，その地球表層では，比重の

大きな水が大規模かつ定常的に生成されることはなく，海洋はよどみ，成層化していた．

氷河時代，無氷河時代のそれぞれ特徴的な地球環境はどのようにして決定づけられるのか，という点に関してさまざまなモデルがあるが，ここではフォース（Force, 1984）のモデルを紹介する．フォースによると地球表層環境の状態を決定するのは，大気中の二酸化炭素濃度である．以下にそのフローチャートを示す．

<u>氷河時代</u>
　大気中の二酸化炭素が減少する
→地球の平均気温が低下する
→極地域が冷える
→大氷床が形成される
→比重の大きな冷たい海水が形成され，それが深海へ沈み込む
→酸素を深海へ運び込む
→深海を低温高酸素環境へと変化させる

<u>無氷河時代</u>
　大気中の二酸化炭素が増加する
→地球の平均気温が上昇する
→極地域が暖まる
→極域で比重の大きな冷たい海水が形成されず，海洋がよどむ
→海洋が成層化し，深層部が還元環境となる
→深海が高温無酸素環境となる

上に示したように，氷河時代，無氷河時代は，海洋の大循環のパターンを決定づけ

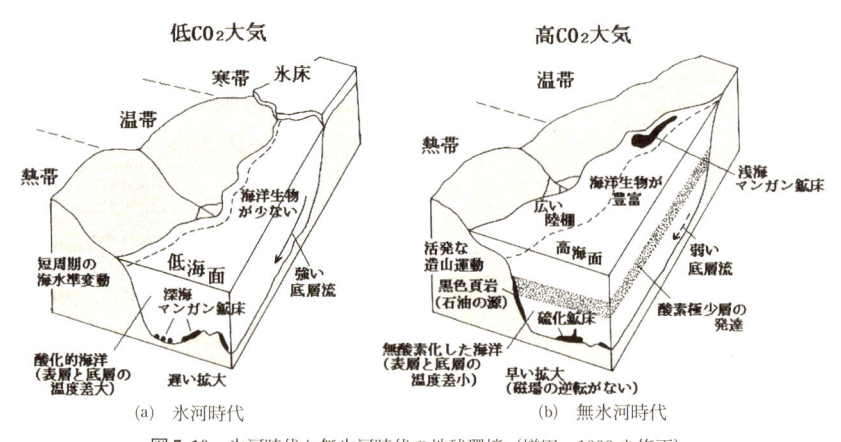

図7.10　氷河時代と無氷河時代の地球環境（増田，1993を修正）

るわけだが（図7.10），それが地球表層における物質循環および物質の存在状態に非常に大きな影響を及ぼしている．

7.1.3で示した生元素である炭素，硫黄の地球表層における分布も無氷河時代，氷河時代の違いに大きく反映される．無氷河時代の還元的な深層水の下に広がる堆積物中には，有機炭素が分解を免れて豊富に保存される．この分解を免れた有機物を起源として石油や天然ガスが生成される．また主に金属硫化物からなる海洋底金属鉱床も無氷河時代の無酸素深層水のなかでは，酸化分解を免れ保存される．

マンガンも無氷河時代，氷河時代で大きくその分布を作用される元素の一つである．現在の深海の堆積物上には非常に豊富にマンガンノジュール（マンガン団塊，鉄マンガン団塊などともよばれる）が分布している（図7.10，図7.11）．マンガンノジュールは主にマンガン酸化物からなり，反応式は以下のように表される．

$$Mn^{2+} + \frac{1}{2}O_2 + 2OH^- = MnO_2 + H_2O$$

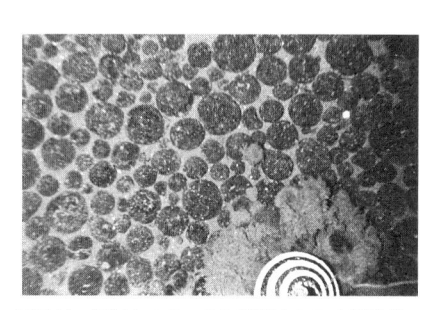

図7.11 深海カメラにより撮影された太平洋底のマンガンノジュール（提供：工業技術院地質調査所，臼井　朗博士）

深層水に酸素が豊富な場合，反応は右方向へ進行し，4価のマンガンが骨格をなすマンガンノジュールが生成される．すなわち現在の深海底に見られるマンガンノジュールの著しい濃集は氷河時代のみに見られる光景である．

以上見てきたように，氷河時代の海洋底ではマンガンノジュールなどの酸化物が大量に生成・分布し，無氷河時代の海洋底には，続成作用により生じた黄鉄鉱，熱水起源の金属硫化物が分布する．

7.2.3　地球における環境の安定性（数億年レベルの物質循環）

生物の登場以来の地球環境はどうしてこのように安定しているのか，という問いかけは，現在における第一級の科学的問題である．ここでいう安定は，生物が生息可能なレベルを保っているという意味での安定である．生物が誕生したのは，およそ40億年前である．何故，またはどのようにしてそれ以降生物の生存しやすい状態に，地

球環境は保たれているのか？ 地球と近接した惑星である金星や火星は，とても生物が大繁栄できそうもない状態なのにもかかわらず．この点について，最後に考えてみたい．

地球環境の安定性に関しては，大きく2つの考え方があり，一つは無機化学反応を重要視する考えであり，もう一つは生物自身が地球環境維持に重要な役割を果たしてきた，という考えである．後者のような考え方は，イギリスの大気化学者ラブロック（J. Lovelock）によりガイア理論（Gaia theory）と呼称されている．これら2つの考えを比較すると生物の位置づけが大きく異なり，前者では，生物は適切な地球表層環境により生かされてきた存在であり，あくまで従属的な存在である．一方後者では，生物は自ら生存可能なように地球表層環境を調整し生きてきた存在であり，主役である．

一例をあげて説明しよう．太陽のエネルギー源は太陽内部で起こっている核融合であり，これにより太陽は輝き続けている．実はこの核融合の効率は一定ではなく，1億年で1％ずつ明るくなっていると推定されている．地球の地表面温度は太陽光度により，決定されるので，地球表層における"大気の組成が一定"であるとして，過去にさかのぼると図7.12のようになる．この図から明らかなように，およそ20億年以前の地表面の温度は0℃以下となってしまう．つまり20億年前以前の地球表層は凍り付いていたことになってしまう．しかし実際の地質学的な証拠によると，20億年前以前，地表面が全面凍結していた証拠はなく，むしろ現在よりも温暖であることを

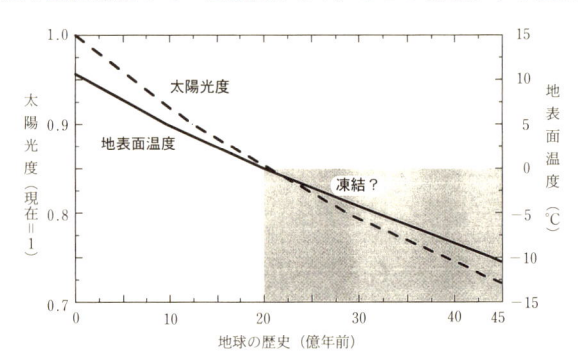

図7.12 太陽系形成以降の太陽光度の変遷とそれから計算される地表面温度の変遷

(松井孝典，地球：誕生と進化の謎，講談社現代新書，p.107, 1990 を修正)

支持するものの方が多い．では何故，太陽光度が大きく変化したにもかかわらず，地表面温度がほぼ保たれていたのであろうか．この問題は"暗い太陽のパラドックス (faint young Sun paradox)"とよばれる．これを解く鍵は，"大気の組成が一定"とした仮定にある．現在では，太陽光度が現在の70％程度のレベルのときには，二酸

化炭素，メタン，アンモニアなどの温室効果ガスの大気中濃度が非常に多かったと考えられている．それら温室効果ガスの濃度が太陽光度の増加に伴い，徐々に減少してきたと考えれば，地球気温が一定に保たれてきたことを説明できる．

ここで生物の関与の有無という最初の課題に戻る．では，どうして"ほどよく"温室効果ガスは減少していったのであろうか．生物とは無関係に無機的に"ほどよく"温室効果ガスは減少していったのか，それとも生物自身が"ほどよく"温室効果ガスを減少させたのか．

前者の主張は地球に海洋と大陸が存在していることと，そこで行われる無機化学反応を非常に重視している．大陸で行われる風化作用は大気中の二酸化炭素を消費する．一例をあげると，

$$\underset{\text{灰長石}}{CaAl_2Si_2O_8} + 2CO_2 + 3H_2O = Ca^{2+} + 2HCO_3^- + \underset{\text{カオリナイト}}{Al_2Si_2O_5(OH)_4}$$

となる．風化作用は温度依存性が大きく，高温時によりその速度が大きくなる．すなわち大気中での二酸化炭素濃度が高く，地表温度が高温であるときにはより風化が進み，二酸化炭素の消費量は大きくなる．大気中での二酸化炭素濃度が低く，地表温度が低い場合には風化がとどこおり，二酸化炭素の消費量が少なくなる．この作用によって地球気温が一定に保たれてきたとするのが前者の主張である．

一方，後者は，生物自身，特に細菌生態系が二酸化炭素やアンモニアを大気中から取り込んで，そこからさまざまな化合物をつくり，さらにその老廃物を分解し二酸化炭素やアンモニアを合成し，再び大気中へ変換するという生物化学的なサイクルが本質的に地球表層の温度を一定に保ってきたという立場である．

現在，さまざまな気候モデルによるシミュレーションや太古の岩石中に残る地球化学的な証拠集めの両面から，この興味深い問いへの挑戦が続いている．

【演習問題】

7.1 大気中の二酸化炭素と雨が平衡状態にあるとき，雨水のpHが5.6程度になることを示せ．ただし $P_{CO_2} = 10^{-3.5}$ とし，以下の反応により平衡が達成されているものとする．

$$H_2O + CO_2 = H_2CO_3, \qquad H_2CO_3/P_{CO_2} = 10^{-1.5} \qquad (1)$$
$$H_2CO_3 = H^+ + HCO_3^-, \qquad [H^+][HCO_3^-]/[H_2CO_3] = 10^{-6.4} \qquad (2)$$

7.2 表7.1に示したように，現在の大陸上には $24{,}230 \times 10^3 \mathrm{km}^3$ の氷が分布している．無氷河時代と同様に，これらすべてが溶けて海洋に分布しているとすると，海水面は現在よりどれくらい高くなるか？ ただし地球は半径約6370 kmの球，海の面積は地表面積の4分の3，海面が上昇しても海の面積は変化しないものとする．

7.3 地球の誕生は46億年前である．この46億年を1年（365日）とし，46億年前を元旦とすると，地球上に多種多様な生物が現れ始めた先カンブリア時代-古生代カンブリア紀境界である5.4億年前は何月何日か？ また南極大陸に氷床が生成され始めた4000万年前は，何月何日か？

8

物質と地球環境

8.1 地球環境の悪化

　せっけんやガラスなどの原料となるアルカリとして，初め木灰から取り出した炭酸カリウム（K_2CO_3；potassium carbonate）が使用されていたが，N. ルブランのソーダ製造法の発明（1791年）により食塩から合成された炭酸ナトリウム（Na_2CO_3；sodium carbonate）が使用されるようになった．また鉄鉱石の還元に木炭を使っていたのを石炭からつくるコークスを使うようになり，製鉄技術が完成した．

　硫酸の合成法はゲイ・リュサック（1827年）により，アンモニアの合成法はハーバー・ボッシュ（1910年）により発明された．工業化とよばれる物質の大量生産が始まり，物質の動きがある限られた地域の中で完結するクローズドシステムの時代が終わった．人間の生産活動で生まれた物質が自然環境に影響を及ぼし始めていった．

8.1.1 特定地域での環境汚染

　意識せず捨てていた物質が環境を汚染していった例をあげる．

　1) 足尾銅山の鉱毒　明治維新を経て国民の総力でヨーロッパの先進工業技術を導入し工業化を進めた．重要原料の銅の精錬において，1877年から生じた廃酸，廃アルカリの一部は渡良瀬川に流され，鉱山の汚泥は洪水時に流れ出し流域の4県（栃木，群馬，茨城，埼玉）に被害を及ぼした．排煙中の二酸化硫黄（SO_2；sulfur dioxide）により付近の山は荒れた．

　2) 水俣病　水銀を触媒にしたアセチレンと水の付加反応でアセトアルデヒド合成の際，副生成物のアルキル水銀（塩化メチル水銀；CH_3HgCl）が廃水中に放出

されていた．有機水銀は人間や動物の運動失調，精神障害，中枢神経疾患をきたした．1956～1969年熊本県水俣湾周辺で，同様に新潟県阿賀野川流域で起こった．

3） 呼吸器の傷害 1952年12月5日から9日のイギリスのテームズ川流域のスモッグは大規模であった．多くの人々が呼吸器の傷害を訴え，患者数は例年の3倍以上となった．原因は工場排煙中の物質がスモッグ中にとどまったからである．日本では1960年代石油火力発電所や石油コンビナートが建設された時代に大気汚染がひどくなり，ぜんそくとして現れた．横浜ぜんそく，川崎ぜんそく，四日市ぜんそくなどである．石炭石油には1～6％の硫黄（S）を含み，排煙中のSO_2による被害である．SO_2の排出を防ぐため，排煙脱硫法（水酸化ナトリウムでSO_2を吸収する）や水素化精製法（石油中のSを水素還元で除く）がとられた．

これらの例はどれも有害物質を放出廃棄してしまったからで，生産過程で生じるすべての物質の存在とそれらの自然界での循環に注意が及んでいなかった．

8.1.2　食料と人口と農薬

世界人口は幾何級数的に増加している．数値を見ると，西暦元年におおよそ2.5億人，1600年5億，1830年10億，1930年20億，1987年に50億人となり，2025年には85億人が予想されている．そして人口増加に伴う，食料不足，資源不足，エネルギー不足が危惧されている．

17世紀半ばで5億人の世界人口が，350年後に10倍となっている．この間耕地が10倍になったわけではない．新たな耕地を開くとともに，肥料を用い，農薬を使い，品種改良を進め増産がはかられ食料不足とはならなかった．

農作物の養分は，窒素・リン・カリウムの3要素であるが，これを硫安・過リン酸石灰・塩化カリウムの代表的化学肥料で補い農業生産を高めた．化学肥料に適応させ品種改良を重ねて農作物は病害や雑草に弱く，農薬を用いこれをカバーした．

世界人口の増加は都市を拡大し耕地面積に圧迫を加え，人間の工業生産は二酸化炭素（CO_2）を増加させ気候を変化させて農作物に被害を与えている．食料の安定供給をめざし農薬を利用しているのが現状である．科学者は，人畜や作物に無害で病原菌や害虫や雑草に選択的毒性を示すように研究開発している．また農薬に対して無条件の信頼をおかず，発がん性・慢性急性毒性・残留性などに注意を払い研究に望んでいる．

人口の増加，食料の安定確保，農薬の使用の3つは密接に関連し，簡単に1つだけ切り放して考えられない問題である．

8.1.3　地球規模での環境問題―大気汚染―

地球の気圏は水圏・地圏に比べ存在する物質量が圧倒的に少なく，そこでの汚染の

1) 酸性雨 大気中の CO_2 のみが雨の pH を支配すると仮定すると，CO_2 が水に 330 ppm まで溶けた溶液の pH は 5.6 である．pH がこれより小さい値を示す雨が酸性雨（acid rain）である．南極の古い氷を分析して過去の雨の pH を知ると，5.0 程度である．

原因は工場・発電所・自動車での石油や石炭の燃焼時に放出される，窒素酸化物 NO_x（NO_2，NO など），と硫黄酸化物 SO_2 によっている．石油石炭には S が含まれていて燃えると SO_2 が生成し，自動車エンジンやごみ焼却炉の高温下では，窒素分子の一部は酸化され NO（nitrogen monoxide）となる．NO はさらに大気中の酸素に酸化され NO_2（nitrogn dioxide）になる．自然界の NO_2 濃度は 0.004 ppm であるが，都市の大気には 0.01～0.06 ppm 含まれている．

大気中の CO_2，SO_2，NO_2 が霧や雨と反応し，炭酸（H_2CO_3），亜硫酸（H_2SO_3），硫酸（H_2SO_4），硝酸（HNO_3）が生成し，酸性雨となる．

降下した酸性雨は土壌中に広がり，カルシウムやマグネシウムイオンが豊富な土壌なら陽イオンを交換し，粘土なら分解しアルミニウムイオン（Al^{3+}）を遊離させる．遊離 Al^{3+} は植物に害を与える．

実験 1. 殻なし卵

〔実験器具〕 試薬：生卵 (1)，食酢 (300 ml)，ビーカー (大 1)．

〔実験〕
1. ビーカーの卵に食酢を注ぐ．
2. 泡を出しゆっくり殻が溶ける．24 時間放置する．
3. 殻のない卵殻膜におおわれた卵を水に 1 時間つける．重量の増加を調べる．

〔結果〕 $CaCO_3$ と酢酸の反応である．大理石，石灰岩，貝殻，チョークの主成分は $CaCO_3$ で卵の殻と同じように酸と反応し溶ける．卵殻膜は半透膜の性質をもつ．

実験 2. 二酸化窒素量の測定

〔実験器具・試薬〕 炭酸カリウム 50 g，ザルツマン試薬（リン酸 30 ml，無水スルファニル酸 5 g，N-(1-ナフチル)エチレンジアミン二塩酸塩 50 mg），亜硝酸ナトリウム 1.5 g，沪紙，フィルムケース (10)，メスフラスコ (1000 ml，2)，ホールピペット (10 ml，1)，試験管 (15)，ビーカー (大 3)．メスピペット (1)．

〔実験〕
1. K_2CO_3 50 g を純水 75 ml に溶かし 40 % 溶液をつくる．
2. ザルツマン試薬 500 ml を 3000 円程度で購入するか，リン酸を 400 ml 程度の純水でうすめておき，そこに無水スルファニル酸と N-(1-ナフチル)エチレン

ジアミン二塩酸塩を溶かす．溶液は空気に触れないようにしっかり栓をして保存する．
3. $NaNO_2$標準溶液をつくる；1.5 g を蒸留水に溶かしメスフラスコ 1000 ml とする，さらにその 10 ml 溶液をホールピペットでとりメスフラスコ 1000 ml とする．NO_2^-濃度は 10 μg/ml となる．
4. $NaNO_2$標準溶液を 0.1 ml, 0.2 ml, …, 1.0 ml とりそれにザルツマン試薬を加え全量を 5 ml とする．各溶液は 1, 2, …, 10 μg の比色標準溶液となる．
5. 8 cm×2 cm 沪紙をフィルムケースの底に張り付け，K_2CO_3溶液を 5 滴沪紙に染み込ませる．蓋はしっかりとする．
6. 測定地で蓋を取り 24 時間放置し，NO_2を吸収させる．
7. ザルツマン試薬 5 ml を加え 15 分間放置し赤紫色に発色させる．比色標準溶液と比べ濃度を決める．

〔反応〕 $2NO_2 + K_2CO_3 \longrightarrow KNO_3 + KNO_2 + CO_2$

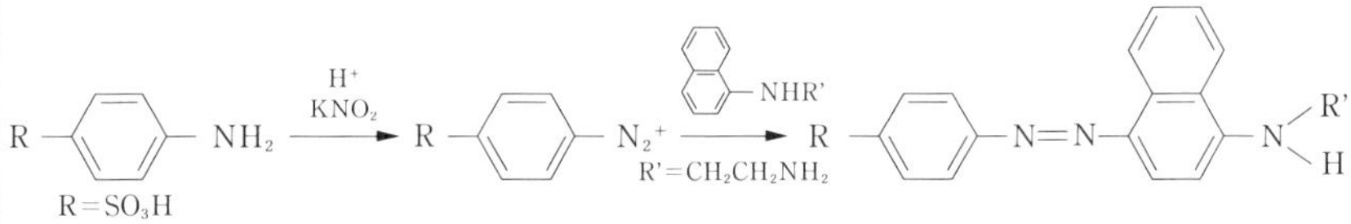

図 8.1

2) 地球温暖化 1750 年 280 ppm であった CO_2 濃度は現在 340 ppm である．この変化は無視できる量ではない．森林土壌から発生する量は大きく変化はせず，化石燃料の使用の増加により CO_2 濃度が増加していると考えられる．

太陽からの熱の 45 % が地表に吸収され，地表を暖めている．暖められた地表を熱源として波長の長い赤外線が宇宙に放出されるが，大気中の CO_2 が逃げる熱を吸収し捕まえる．地表から放射される光スペクトルを人工衛星から測定すると CO_2，オゾン (O_3)，メタン (CH_4)，H_2O の分子が熱を逃さず吸収していることがわかる．これらの気体を温室効果 (greenhouse effect) ガスとよぶ．CH_4 は CO_2 の 20 倍の効果があり，年間 1 % 以上のペースで増加している．

1860 年代と比較し，地球の平均温度は 0.5〜0.7°C 上がっている．海の CO_2 吸収力が期待されるが，CO_2 の発生と吸収の収支では，化石燃料の燃焼により放出される半分しか吸収していない（演習問題 2）．

3) オゾン層破壊 地表上 20〜30 km の高度にオゾン層 (ozone layer) といわれる，太陽からの紫外線を吸収する薄い層がある．オゾンは強い酸化力のある物質であるが，大気中に 1 ppm (100 万分の 1) 程度の微量含まれ成層圏で太陽の紫外線

を吸収し，地表を生物が生息できる環境にしている．

南極大陸上空のオゾン層に穴が開いていることが1982年に報告され，1986年に人工衛星からも観測された．

塩素原子がオゾン分解の触媒になっていて，塩素原子の供給源はフロン（chlorofluorocarbons）である．フロンはアンモニアに代わる冷蔵庫の冷媒として1928年に開発されたCCl_2F_2（dichlorodifluoromethane；フロン12）に始まりCCl_3F（trichlorofluoromethane；フロン11）などがある．多くのフロンが電子部品の洗浄剤や化粧品などの散布剤として使われた．フロンの安定性とすぐ気体になる性質により，廃棄されたフロンは対流圏を通過して成層圏に達する．そこでフロンは太陽の強力な紫外線で分解され，生成した塩素原子はオゾンを分解する．1個で10万個のオゾン分子を分解している．1989年ヘルシンキ宣言で，2000年までに特定フロンの使用を止めるとした．

8.1.4 広く利用された塩素化合物

化学工業の基礎部門にソーダ工業がある．食塩水を電気分解しNaOHと塩素（Cl_2）を得る，さらにNa_2CO_3，炭酸水素ナトリウム（$NaHCO_3$）も得る重要な化学工業分野である．NaOHはガラスやせっけんなどに，Cl_2は漂白剤や殺菌剤などに利用されるが，同時に得られる2種の化合物の需要のバランスがとれることが重要である．

塩素を大量に使う製品はいろいろ問題を投げかける．塩素化合物は高機能を発揮するとともに，生体への影響も大きいのである．塩素を含む化合物が優れた機能をもつとして使用され，安定な性質は塩素化合物を長く環境に留めた．

1） DDT（2,2-bis(p-chlorophenyl)-1,1,1-trichloroethane）　第二次世界大戦の初めに殺虫剤として登場し，マラリア撲滅に寄与した．1950年代大量に利用された．神経系に働く殺虫剤で，散布されたDDTは分解されず，動物体の脂肪に蓄えられ濃縮される．カルシウムの代謝を阻害するので，鳥の卵の殻が薄くなり，鳥類の孵化率の低下を招いた．人体のホルモンを破壊することもわかった．1969年使用を止めた．

2） PCB（ポリ塩化ビフェニル；polychlorobiphenyl）（209種の異性体がある）安定性や絶縁性から，有用な高沸点液体（沸点340〜375℃）として電気絶縁体，インクの溶剤，熱媒体などで使用された．人体に吸収されると皮疹，内臓障害が起こる（1968年カネミ油症）．吸収されたものはほとんど排泄されず脂肪に蓄積される．1971年製造販売が禁止されたが，自然界では減少せず残留している．

PCBは生物モニタリング法で1978年から検査されている．データ例を示すと次のようである．圧感紙 10,000 ppm，再生紙 10〜0.1 ppm，土壌 10〜0.01 ppm，農作物

0.1～0.01 ppm，家畜 0.1～0.01 ppm，人 10～0.1 ppm．

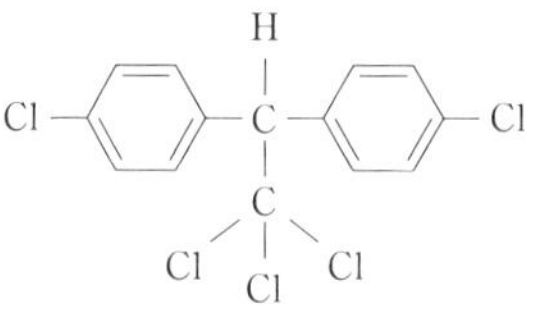

DDT

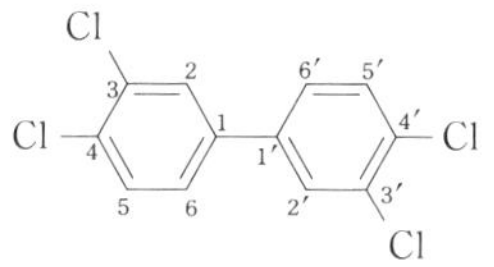

3,3′,4,4′-テトラクロロビフェニル

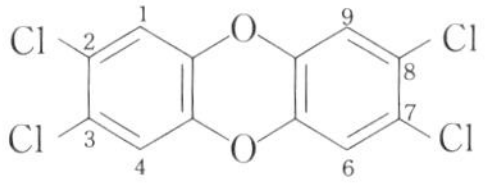

2,3,7,8-テトラクロロジベンゾ-p-ジオキシン

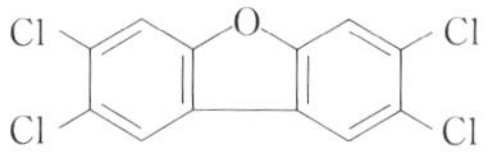

2,3,7,8-テトラクロロジベンゾフラン

図 8.2　塩素化合物

3）ダイオキシン（dioxin）　ポリ塩化ジベンゾジオキシン（polychlorodibenzo-p-dioxin）（PCDD，75 種の異性体がある）とポリ塩化ジベンゾフラン（polychlorodibenzofuran）（PCDF，135 種の異性体がある）の総称．ダイオキシンはプラスチックや漂白した紙の燃焼で生成する．主に食物を通じ体内に摂取され脂肪組織にたまる．ベトナム戦争の枯れ葉剤作戦で除草剤（2,4-D）の副反応生成物として大量に散布され，そこで先天性障害児が多数生まれた．催奇形性，強い発がん性があり，異性体によりその毒性の強さは変わるので，2,3,7,8-テトラクロロジベンゾ-p-ジオキシン（tetrachlorodibenzo-p-dioxin）を基準に他の異性体を換算して用いる．ダイオキシン発生源のほとんどはごみ焼却で生成するとみられる．

安全の目安となるダイオキシン 1 日の摂取量を，80 年代後半欧米では 10 pg から 1992 年 2 月の世界保健機関（WHO）では 1 pg をドイツが，0.01 pg をアメリカが目標値として提案した．1997 年 12 月日本では大気汚染防止法で排出抑制基準を新設炉では廃棄ガス 1 m^3 中に 0.1 ng 以内に，既設炉では暫定基準として 80 ng 以内と定めた．

ごみ焼却処分の減量（リサイクルや焼却以外の処理）と発生を抑える炉の運転（高温の 850℃ 以上で連続運転）が短期的対策である．根本的対策として塩素有機化合物を使用しない，ごみを燃さない，ごみを出さない生活様式が要求される．

8.1.5　環境物質の濃度

環境問題で取り扱われる物質の量は非常に小さな値である．重量の単位では，

$1\,\mu g$（1 マイクログラム）　 $= 0.000001\,g$　　　　 $= 10^{-6}g$

$1\,ng$（1 ナノグラム）　　　 $= 0.000000001\,g$　　 $= 10^{-9}g$

$$1\,\text{pg}\,(1\,\text{ピコグラム}) = 0.000000000001\,\text{g} = 10^{-12}\,\text{g}$$
$$1\,\text{fg}\,(1\,\text{フェムトグラム}) = 0.000000000000001\,\text{g} = 10^{-15}\,\text{g}$$

であり，1 g 中に上記量が含まれると，

$1\,\mu\text{g}/1\,\text{g} = 1\,\text{ppm}$ （parts per million）　　100万の 1
$1\,\text{ng}/1\,\text{g} = 1\,\text{ppb}$ 　（parts per billion）　　　10億分の 1
$1\,\text{pg}/1\,\text{g} = 1\,\text{ppt}$ 　（parts per trillion）　　　1兆分の 1
$1\,\text{fg}/1\,\text{g} = 1\,\text{ppq}$ 　（parts per quadrillion）　1000兆分の 1

となる．

　どのような化合物が存在しているか，その濃度はどのくらいかを調べる機器分析による物質の分析能力はこの 20 年間に驚異的にのびている．検出限界はどのくらいか例で示そう．吸光分光光度計では土壌中の除草剤を 0.5 ppm で分析できる．ガスクロマトグラフに，塩素化合物に高感度を示す電子捕獲型検出器を取り付け，0.1 ng の塩素化合物 DDE（DDT の代謝物）を検出する．原子吸光光度計では有害金属のクロムを相対検出限界 $5\,\text{ng}/1\,\text{m}l = 5\,\text{ppb}$ で検出する．

　ppm レベルより ppb レベルの分析は精度が 1000 倍必要でずっと困難である．つい最近まで ppm レベルの分析をしていたのが平常的に ppb レベルで測定することになった．さらにダイオキシン分析のように，pg や ppt レベルまで必要となってきた．環境試料中でのダイオキシン濃度は pg/g レベルであるが，大気や水中の濃度は 3 桁低く fg/g の極低濃度の範囲に入る．ここまで高感度分析になると環境中には無数の化合物が検出される．普通に見出される極低濃度でのおのおのの化合物の毒性を判断するのはとても難しい問題になっている．

8.2　物質循環のシステム

　ある地域に生活する生物とその地域内の非生物的環境をひとまとめにして，1 つのシステムとみなした生態系のなかでは，物質の動きは循環的ですべて再利用されている．人間の活動過程を見直してみると，物質循環のサイクルのうち分解しもとに戻す部分が欠けることが多いのに気づく．

8.2.1　生産者と消費者と分解者

　地球での生産者は無機化合物から生体内で有機化合物を合成する．生産者は緑色植物である．植物は太陽エネルギーを吸収し，H_2O，CO_2，窒素，リン，カリウムなどを材料に有機化合物を合成し，酸素（O_2）を放出する．植物は太陽エネルギーを有機化合物の結合エネルギーに組み込んでいる．

　消費者は有機化合物を消費する動物である．動物は有機化合物を取り込み，熱と排

泄物を放出し，動物の量や数を増加させている．

分解者は動植物の枯死体や排泄物を栄養源として生活するもので，有機化合物を無機化合物に分解して非生物的環境に帰す生物群の，バクテリア類・菌類である（図8.3）．

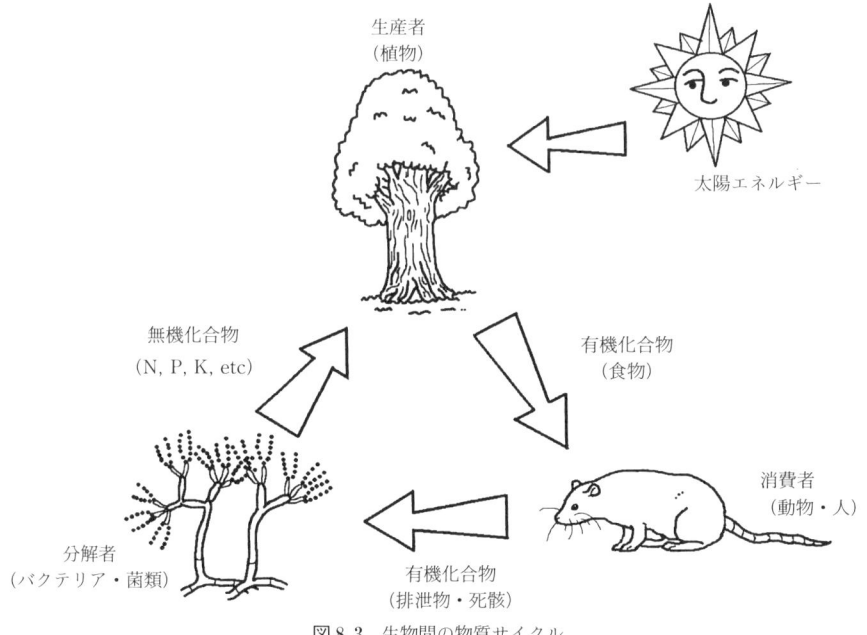

図8.3 生物間の物質サイクル

光合成により植物が有機化合物を生産し，消費者である動物がそれらを食物としてとり入れ生存し，排泄物や遺体はバクテリアにより分解される．無機化合物までなり，養分として植物にとり入れられていく．生物界は完全なサイクルが完成し，地球上の有限な資源をとり入れ，修正しながら再利用を繰り返している．

8.2.2　物質循環の視点

多くの工業製品は使用され最後に廃棄されている．物質サイクルとしては，廃棄物が原料になって初めてその循環が完成する．廃棄物が原料になる経路づくりを急がないとならない．そして，この間生物に影響を与えてはならない．

プラスチック，乾電池，古紙，高炉のスラグ，建設廃材など，各物質に選別して再資源化し完全なるリサイクルをする．100％物質の循環システムをつくりあげる．

エネルギーについても，太陽エネルギーとそれに準ずる，風力，潮力，地熱，植物

によるエネルギーなどの 100％自然エネルギーの利用をめざす．核分裂エネルギーは，放射性の核分裂物質を長時間安全に管理するための莫大なエネルギーを必要とするので，長期的な視点からは使用をひかえるべきであろう．

8.3 物質循環速度のコントロール

　大量消費の現代のエネルギー源は，太古の植物が CO_2 と H_2O から太陽エネルギーを利用し生産した有機化合物に由来する化石燃料である．植物が長年かかって蓄えた太陽エネルギーを急速に消費しているのが現代である．このまま大量消費を続けていることはできない．

　また，世界の人口は今世紀急速に増加し，それに見合うように農業生産量を高めてきた．今後もさらに生産量を高める必要がある．

　燃焼で CO_2 が発生する部分や食料として植物を消費する部分の使用量が多いのであれば，それ以外の部分，CO_2 を吸収したり植物を育てるところ，の速度を速めてやり，物質循環速度をコントロールすることが不可欠である．

8.3.1　バイオマス

　バイオマスは生態学で"生物量"を表すが，次第に生物の機能を利用して燃料を得る，食料を得る，工業原料を得る，環境の維持改善をはかるなどの概念が含まれるようになった．

　1 ヘクタール当り年間 50 トン育つ木材や，ケナフのような育ちの速い草や，1 ヘクタール当り年間 120 トン育つ全身で養分を吸収する藻類のように，バイオマス生産の高い大きな潜在力をもつ植物が見出されている．

　バイオマスには石油化学工業と競える潜在力があるとか，工業原料としてバイオマスを利用すれば，エネルギー需要のすべてを賄うことは原理的には可能だとの意見もある．

　廃棄物・未利用資源（水稲のわら・もみがら，野菜残渣，畜産廃棄物）や新しい資源（スイートソルガム，油作物，石油植物，汚濁処理植物）の観点からの期待される研究も，植物の力を借りての物質循環のスピードを上げることである．

8.3.2　光合成（植物の究極の働き）

　葉緑体は光エネルギーで稼働するミクロな化学工場であり，次のような点が可能になれば，植物の生産量の増加が期待できる．

　（1）クロロフィルに結びつくタンパク質の機能は十分には解明されていないが，光反応の中心を制御する．

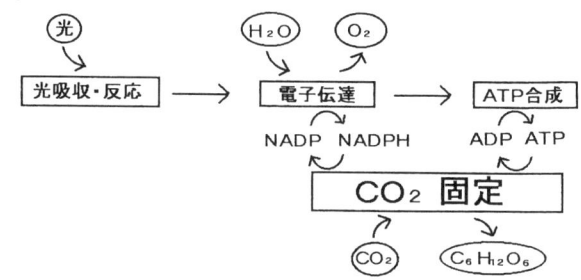

図8.4 葉緑体での反応

（2）光合成の律速段階は電子伝達過程である，ここの速度を速くする．
（3）律速酵素を活性化する．
（4）光呼吸で生じた CO_2 を再固定することである．

この自然による物質生産方式を学び，その知識を有効利用できるかが，人類の運命を左右しているといえるのではないか．

【演習問題】

8.1 対流圏に比べ，成層圏が汚染されやすい理由を2つあげよ．

8.2 大気中の CO_2 濃度は，1860年295 ppm，1975年330 ppmで，330 ppmは 2.59×10^{15} kgの CO_2 に相当する．この間世界で燃焼した化石燃料は，Cに換算して 1.40×10^{17} gである．この間放出された CO_2 の何％が大気中に残っているか．

8.3 目薬1滴分のある物質をプールに溶かした．物質の濃度をppbで表せ．ただし，目薬の1滴は0.05 g，プールは25 m×7 m×1.4 mとする．

8.4 あるガス 1 m^3 中に0.1 ng含まれている物質がある．東京ドーム1杯分のガス中には何gの物質が含まれているか．ただし，東京ドームの大きさは $3.7 \times 10^5 \text{ m}^3$ である．

ガラス細工

ガラス細工にはガスバーナーが必要であるが，ブンゼンバーナーは炎が大きくて火力が弱いため少し細かい細工をするには適さない．ガラス細工には小さくて火力の強い炎が必要で，ふいご式のガスバーナーが化学の研究室では使用されているが，これは比較的高価であり学生実験などではなかなか使えない．ブンゼンバーナーに簡単なアダプターを自作して取り付けると，細くて火力の強い炎が得られるバーナーを作ることができる．

---**実験1．ガラス細工用ガスバーナー作り**-------------------------

1. 直径8 mm，長さ10 cmのアルミパイプと直径2 mm，長さ20 cmの黄銅パイプを用意する*．
2. 黄銅パイプをアルミパイプの中に入れ，図のようにゴム栓に取り付けたとき，

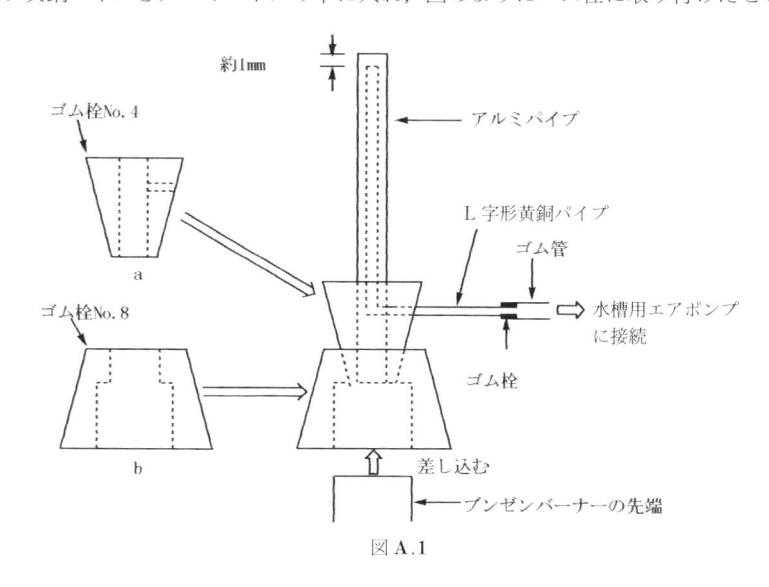

図 A.1

黄銅パイプの先がアルミパイプの先より1mmぐらい低くなるように黄銅パイプをL字形に曲げる．
3. ゴム栓（No.4）にアルミパイプが入る大きさの穴をあけ，図のaのように，上から約7mmのところに横からキリで黄銅パイプを入れるための穴をあける．
4. 別のゴム栓（No.8）に，3で作ったゴム栓がはまるような穴をあけるための切れ込みを，コルクボーラーでゴム栓の高さの1/3ぐらいのところまで入れる．
5. 4のゴム栓の反対側から，ブンゼンバーナーの先に取り付けられるような穴をあけるための切れ込みをコルクボーラーで入れ，図のbのように穴をあける．
6. 図のように組み立て，ブンゼンバーナーの先に取り付ける．
7. 3で穴をあけた際に得られた小さな円柱形ゴムにキリで穴をあけ，黄銅パイプの先に取り付け，ゴム管で金魚などの水槽用エアポンプとつなぐ．

* 東急ハンズなどで購入できる．

この自作したガスバーナーを用いると，パイレックス試験管にも穴をあけることができ，簡単なガラス器具の修理もできる．ガラス細工の基本となるT字管を作ってみよう．

―― 実験2．T字管を作る ――

1. 直径8mm，長さ30cmぐらいのガラス管の端から7〜8cmぐらいのところを，上の実験で作ったガスバーナーで加熱し，軟らかくなったら炎の外に出し5cmぐらい引き伸ばす（図A）．
2. 細くなったところを再度加熱し，引っ張ってさらに細く伸ばし，細くしたところを手で折って2本に分ける．細くしたところはほとんど力を入れなくても折ることができる．なかなか折れないようだったら，無理に力を入れて折らずに，再度細い部分を加熱して引き伸ばしてから折る（図B）．
3. 細くなった先端から1mmぐらいを炎の中に入れ，ガラス管を指で回しながらガラスの先端が赤く球状となるまで加熱する．2本ともこのようにして細くなった先端部を閉じる（図C）．
4. 長い方の試験管の開口部から15cmぐらいのところを，赤くなるまで加熱する．加熱している間，ガラス管は回さずに1ケ所だけを加熱する．
5. 炎から出して静かにガラス管に息を吹き込む．ガラス管に直径7〜8mmぐらいの半球ができたら，吹くのを止める．息を吹き込むときにあまりに強く吹くと，大きく薄いシャボン玉のような膨らみができ破裂してしまうことがある．逆に，息が弱すぎるとほとんど膨らまないうちに，ガラスが冷えて硬くなってしまう（図D）．
6. 半球の先の部分を再度加熱し，ガラスが赤くなり半球の大きさが半分ぐらいに

図A.2

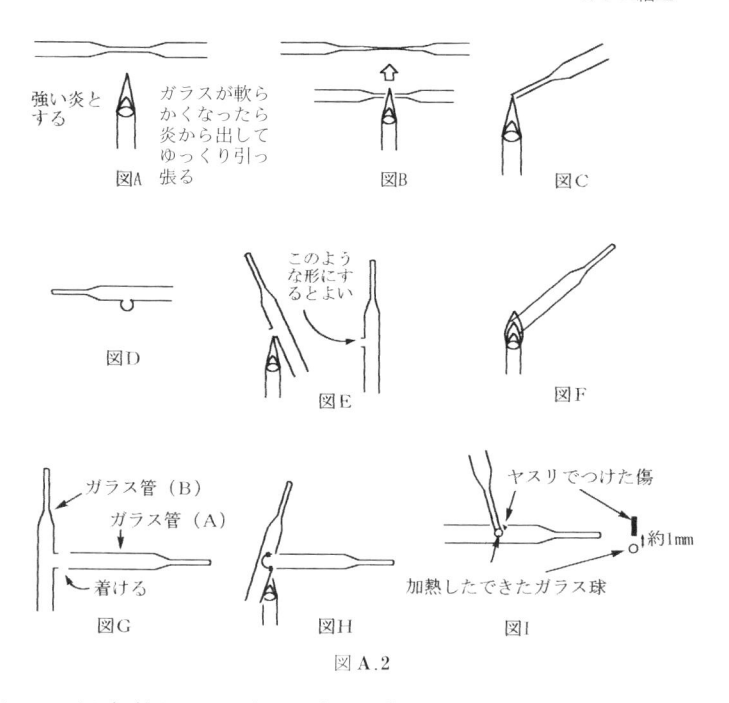

しぼんだら加熱をやめ，炎から出して静かにガラス管に息を吹き込み，直径15 mmぐらいの半球を作る．

7. ヤスリで半球部を軽くたたいて，ガラスを破る．軽くたたいても破れなかったら，再度加熱をしてもう少し大きな半球を作ってガラスを薄くし，同じことを行う．
8. 破った部分を加熱してガラス管が接続しやすいように形を整える（図E）．
9. 2で作ったガラス管（A）を一方の手に持ち，指で回しながら開放部を加熱する．このとき，7で作ったガラス管（B）を他方の手で持って炎に近づけておく（図F）．
10. 加熱した開放部が赤くなったら，さらに加熱を続けながら，Bのガラス管の穴をあけた部分も加熱する．Bのガラス管の穴をあけた部分は肉が薄いのですぐに軟らかく赤くなる．
11. AとBのガラス管とも炎の外に出し，加熱部を手早く押し付けて接続する（図G）．
12. 接続部の一部を細い炎の先で加熱する．ガラス管を少し回して加熱部をずらして別の部分を加熱する．このようにして接続部全体を加熱し，2本のガラス管をしっかり接続する．開放部から息を吹き込んだとき，息が漏れるようだと穴

があいている．小さな穴があいている場合には，加熱して接続部を軟らかくしてから，ガラス管を互いに少し押し付けるようにすると穴をふさぐことができる．加熱してガラス管を軟らかくしたときに，引っ張ってしまうとT字形が崩れたり，細くなって完成しても接続部が壊れやすくなることがあるから注意が必要である．ガラスが接続されても，以下の作業を行わずにこの段階で作業をやめてしまうと，冷えたときに接続部が割れることが多い．

13. 接続した部分の一部を強く加熱し，ガラスがへこんだら，炎から出して軽く形を整えるように吹く．この操作を接続部全体に行う．接続部の形は多少ゆがんでいてもかまわないが，2本のガラス管が融け合ってつなぎ目がわからなくなるまでこの操作を繰り返す（図H）．

14. ガラスを折るときと同じ要領で，先端部を閉じたガラス管が細くなくなっている部分にヤスリで傷をつける．

15. 先が細くなっているスポイト状のくずガラスの先を3と同様に加熱して球状のガラスを作る．ガラスが熱く軟らかいうちに，14でガラスにつけた傷の1mmぐらい手前に押し付ける（ガラスを切る方法の一つで，焼玉法という）．このようにして，T字管を作ることができる（図I）．

16. ガラスの開口部を，9の要領で10秒ほど加熱し，ガラス管の先を丸める（ヤスリで面取りするよりも，きれいに鋭角部が丸くなる）．

参 考 文 献

【第1章】
1) 櫻井　弘：元素111の新知識，講談社（1997）．
2) 磯　直道，奥谷忠雄，滝沢靖臣：物質とは何か―化学の基礎―，東京教学社（1988）．
3) J. McMurry, R. Fay：CHEMISTRY, Prentice-Hall International Inc. (1998).

【第2章】
1) 下沢　隆，田矢一夫，吉田俊久：身の回りの化学，裳華房（1987）．
2) 疋田　強：火の科学（化学の話シリーズ3），培風館（1982）．
3) 東京化成工業(株)編：取扱い注意試薬　ラボガイド，講談社サイエンティフィク（1988）．
4) 左巻健男編著：理科おもしろ実験・ものづくり完全マニュアル，東京書籍（1993）．

【第3章】
1) 各出版社発行の高等学校用化学の教科書．
2) 伊勢村壽三：水の話，培風館（1989）．
3) 大学自然科学教育研究会：一般教育課程　化学，東京教学社（1984）．
4) 磯　直道，冨田　功：ケミストリー―図説とデータ―，東京教学社（1988）．

【第4章】
1) 加藤俊二：物質の理解―日常生活と化学―，化学同人（1975）．
2) 加藤俊二：身の回りを化学の目で見れば，化学同人（1986）．

【第5章】
1) 原田　馨：生命の起源―化学進化からのアプローチ―，東京大学出版会（1977）．
2) 原田　馨ほか：宇宙と生命のタイムスケール，大日本図書（1989）．

【第6章】
1) 森本信男：造岩鉱物学，東京大学出版会（1989）．
2) 杉村　新，中村保男，井田喜明：図説地球科学，岩波書店（1988）．

【第7章】
1) J. アンドリューズほか：地球環境化学入門，シュプリンガー・フェアラーク東京（1997）．
2) 神奈川県立博物館編：新しい地球史　46億年の旅，有隣堂（1994）．
3) 川上紳一：縞々学―リズムから地球史に迫る―，東京大学出版会（1995）．
4) 増田富士雄：リズミカルな地球の変動(地球を丸ごと考える3)，岩波書店（1993）．
5) 鹿園直建：地球システム科学入門，東京大学出版会（1992）．
6) J. E. ラブロック：地球生命圏―ガイアの科学―，工作社（1984）．

【第8章】
1) ティンズレイ（山県　登訳）：環境汚染の化学，産業図書（1980）．
2) 寺田　弘，筏　英之，高石喜久：地球にやさしい化学，化学同人（1992）．
3) 深海　浩：変わりゆく農業，化学同人（1998）．

問 題 略 解

【第 1 章】

1.1 純物質：二酸化炭素（CO_2），水銀（Hg），水素ガス（H_2），ドライアイス（CO_2），氷（H_2O），メタンガス（CH_4），酸素（O_2），ダイヤモンド（C），エチレン（C_2H_4），グルタミン酸ナトリウム（$C_5H_8O_4NNa$）．
混合物：空気，石油，塩酸（塩化水素と水の混合液），ガラス，紙．

1.2 （臭素，フッ素，塩素）ハロゲン，（酸素，硫黄）16 族元素，（炭素，ケイ素，スズ）14 族元素，（ヘリウム，アルゴン，ネオン）希ガス元素，（鉄，ニッケル，クロム）遷移元素，（ナトリウム，カリウム，リチウム）アルカリ金属元素，（リン，窒素）15 族元素，（カルシウム，マグネシウム）アルカリ土類金属元素．

1.3 Al：27，$1.0/27 = 3.7 \times 10^{-2}$（モル）．
$(3.7 \times 10^{-2}) \times (6.02 \times 10^{23}) = 2.2 \times 10^{22}$（個）．

1.4 コップ 1 杯の水が 200 ml とすると，200 g に相当する．
H_2O：18，$200/18 = 11$（モル），
$11 \times 6.02 \times 10^{23} = 6.6 \times 10^{24}$（個）．

1.5 $^2H-^{18}O-^2H$　$M = 22$，$^1H-^{16}O-^1H$　$M = 18$
$22/18 = 1.2$（倍）．

1.6 1) $CH_3-CH_2-CH_2-CH_2-CH_3$, $CH_3-CH_2-\underset{\underset{CH_3}{|}}{CH}-CH_3$, $CH_3-\underset{\underset{CH_3}{|}}{\overset{\overset{CH_3}{|}}{C}}-CH_3$

2) CH_3-CH_2-OH, CH_3-O-CH_3.

【第 2 章】

2.1 空気 1 モルの体積は標準状態で 22.4 l であり，その組成から，化学式量は次の計算で求められる．

$$O_2 \times \frac{1}{5} + N_2 \times \frac{4}{5} = 32 \times 0.2 + 28 \times 0.8 = 28.8$$

空気 28.8 g/mol，二酸化炭素 44 g/mol であるから，標準状態での 1 モルの質

量の差は，
$$44 - 28.8 = 15.2\,\text{g}$$
1 l は，1 モルの約 1/20 の体積だから，質量差は 0.76 g である．

2.2 塩化水素 1 モルの質量 HCl = 36.5 g/mol で，比重 d = 1.19 g/ml から

濃塩酸 1 l の質量　　　　　　　　1190 g/l
濃塩酸 1 l 中の塩化水素の質量　　1190 × 0.36 g/l
濃塩酸 1 l 中の塩化水素のモル数　(1190 × 0.36 g/l) ÷ 36.5 g/mol
　　　　　　　　　　　　　　　　= 11.7 mol/l ≒ 12 mol/l

[希釈法の計算]

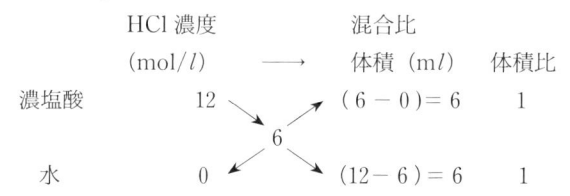

	HCl 濃度 (mol/l)		混合比 体積 (ml)	体積比
濃塩酸	12	↘ ↗	(6 − 0) = 6	1
		6		
水	0	↗ ↘	(12 − 6) = 6	1

[希釈法] 希塩酸 6 mol/l にするには，濃塩酸：水 = 1：1 の割合（体積比）で，使用量を考えて量をはかりとる．

三角フラスコに水を入れ，比重の大きい濃塩酸を注意しながら加え，三角フラスコの上部を持ち器底を回すように振って均一に混合する．

2.3 漏れは接続部分に起こる．つなぐときには，軍手または雑巾で手を保護し，潤滑剤として水やアルコールをガラス管など小さい方に塗り，必ず両手を逆方向に回しながら入れたり外したりする．外すとき動きにくければ，ガラス管とゴムの間を手で広げ，潤滑剤のアルコールを間に入れて回すとたいていは外れる．使用後は必ず装置などすべての連結部分をばらし，きれいに洗浄・乾燥して保管する．

1) ゴム栓：気密性を十分にするには，ゴム栓の 1/3 程度がガラスの口に入るものを選ぶ．汚れはアセトンを滲み込ませた綿で拭く．

2) ガラス管につなぐゴム栓の開け方：よく切れるようにヤスリで研いでおいたコルクボーラーの刃の部分をガラス管に当ててみて，ガラス管が入らない大きさのコルクボーラーを選ぶ．穴を開ける直前，コルクボーラーの内側にアルコールをたっぷり付け，ゴム栓の細い方にしっかり固定し，切るように穴を圧し開ける．

3) ガラス管とゴム管やスポイトの密着：市販品のゴム管やスポイトのゴムキャップの大きさは決まっているので，ガラス管を細工して，密閉度を高める．

2.4 竿ばかりを自作する基本方針；感度をよくする条件．①腕の長さに比例，②天秤の動く部分の重さに反比例，③ナイフエッジの摩擦が小，にそって

1) 実験しやすい量の気体を入れる容器：ペットボトル
2) 曲がらず摩擦の少ない竿：1m程度のガラス管
3) 摩擦が少ない支点：絹糸の一重巻にし，クランプに固定
4) 受け皿の固定：ガラス管の両端の良い位置にビニールテープで
5) 天秤台：クランプを固定したスタンド

採取した1 l の二酸化炭素を完全に受け皿に移すことは難しいので，質量差の半分 0.35 g（薬包紙1枚）を感じるものを作る．

2.5 炭酸カルシウム・粉末，炭酸カルシウム・沈降性，炭酸ナトリウム，炭酸水素ナトリウムなど粉末または顆粒状のものでは反応が早すぎる．大理石は必要量の 10 g は秤取しにくいが，少々多くても実験には差し支えない．残った大理石は回収して乾燥した後，再使用できる．

2.6 市販の濃塩酸（36 %，$d=1.19 \text{ g/m}l$）は塩化水素の水溶液で，そのまま使うと刺激性の白煙が発生し，蒸気を吸うと咳が出たり，部屋中に靄がかかったようになるので，希釈して使用する．

2.7 水素は亜鉛と塩酸で発生させるのが一般的である．身近な素材であるアルミホイルを用いれば，両性金属なので，酸・アルカリどちらからでも水素を発生させることができるが，発生した水素を直接使うので他の気体の発生しないものを用いた．

$$Zn + 2\,HCl \longrightarrow ZnCl_2 + H_2$$
$$2\,Al + 6\,HCl \longrightarrow 2\,AlCl_3 + 3\,H_2$$
$$2\,Al + 2\,NaOH + 2\,H_2O \longrightarrow 2\,NaAlO_2 + 3\,H_2$$

化学式量	27	40		2
モル数	2	2		3
必要量	54 g	80 g		6 g
使用試薬				[気体] =67.2 l

[概算]	0.9 g	1.2 g	1 l
使用量	1 g	1 g	1 l

1 l の水素を発生させようと思えば，反応式から 1/60 のスケールで反応させればよい．水素は，1 l もいらないので，水酸化ナトリウムは少なめの 1 g を秤取し，10 ml の水に溶かして（約 10 %）使用．

2.8 二酸化炭素は水酸化ナトリウムと(1)，(2)の反応をする．CO_2 は反応した後気体でなくなり，系内の圧力が減少するため，噴水が継続する．

NaOH＝40 g/mol である．
$$NaOH + CO_2 \longrightarrow NaHCO_3 \tag{1}$$
$$2\,NaOH + CO_2 \longrightarrow Na_2CO_3 + H_2O \tag{2}$$

二酸化炭素（1 l＝1/20 モル）に対して(1)，(2)の反応式を考えると必要な NaOH の量は，1/20～1/10 モル＝2～4 g である．したがって，5 g あれば十分であるが，上手くできないときは再実験することも考えて，10 g を 1 l に溶かした 1% NaOH を使えばよい．

2.9 表 2.1 にあるとおり，アンモニアの水に対する溶解度が大きいので，水が入ると気体を採取したフラスコ内が減圧になるためである．乾燥したフラスコにしかアンモニアを捕集できないので，失敗できない．

試薬を取り扱うときにはよく調べ，万一の場合を想定して十分準備をしておく必要がある．アンモニアは猛毒であるが，皮膚・目・鼻などに触れないように注意して実験を行えば，事故は起こらない．万一触れた場合は，大量の水で洗浄した後 2% のホウ酸水で洗う．患部に軟膏などの薬を塗ってはいけない．

2.10 $N_2 + 3\,H_2 \longrightarrow 2\,NH_3$ ［4 モル→2 モル］

1) アンモニア生成は，圧力が減少する方向である．逆の"減→増"の"圧力を増加する"にすれば，アンモニア生成の方向に移動する．

2) アンモニアの増加は，平衡が"左→右"方向．逆は，原料が減少する方向だから，N_2，NH_3 を増加すればよい．

2.11

反応系	kcal/mol	生成系	kcal/mol
C－H	98.7	C－Cl	81
Cl－Cl	58.0	H－Cl	103.2
	156.7		184.2

発熱量＝184.2－156.7＝27.5 kcal/mol

実測値＝28 kcal/mol とよく一致している．

2.12   還元剤   酸化剤

1) $R-CHO \rightarrow R-COO^-$ $2\,[Ag(NH_3)_2]^+ \rightarrow 2\,Ag$
   C $(0 \rightarrow +2) = +2$ $2\,Ag\,(+1 \rightarrow 0) = -2$

2) $CaH_2 \rightarrow H_2$ $2\,H^+ \rightarrow H_2$
   $2\,H\,(-1 \rightarrow 0) = +2$ $2\,H\,(+1 \rightarrow 0) = -2$

4) $Zn \rightarrow Zn^{2+}$ $2\,H^+ \rightarrow H_2$
   $Zn\,(0 \rightarrow +2) = +2$ $2\,H\,(+1 \rightarrow 0) = -2$

2.13 イオン反応式：マンガンの酸化数は（+7 → +2）と変化するので，左辺に 5 e^- を加え，あと左辺に 8 H^+ を加えイオン数，原子数を合わせる．

$$MnO_4^- + 5e^- + 8H^+ \longrightarrow Mn^{2+} + 4H_2O$$
$$+7 -5 \phantom{\longrightarrow Mn^{2+}}+2$$

反応式：K^+とMn^{2+}は硫酸イオン（SO_4^{2-}）と塩をつくるように原子の数を合わせ，あとの水素と酸素から水と原子状態の（O）．マンガンは 2 Mn（$+7 \to +2$），酸素は 5 O（$-2 \to 0$）に変化している．

$$2KMnO_4 + 3H_2SO_4 \longrightarrow K_2SO_4 + 2MnSO_4 + 3H_2O + 5(O)$$

2.14 インジゴカーミン（IC）（青色）とロイコ体（ICH_2）（黄色）で酸化還元反応を表す．水素と酸素の数をH_2O，H^+，OH^-，イオンの数をe^-の増減で，左辺右辺の数を合わせる．

［還元］青色→黄色
$$S_2O_4^{2-} + IC + 2OH^- \longrightarrow 2SO_3^{2-} + ICH_2$$
$$[Na_2S_2O_4 + IC + 2NaOH \longrightarrow 2Na_2SO_3 + ICH_2]$$

［酸化］黄色→青色：溶液中の酸素の増加が観察できる．
$$2ICH_2 + O_2 \longrightarrow 2IC + 2H_2O$$

還元反応は，アルカリ性条件下で進行する．

【第3章】

3.1 本文を参照．

3.2 パーセント濃度は溶液 100 ml 中に溶けている溶質の質量であるから，
$$8.0/200 \times 100 = 4.0 \ (\% \ w/v)$$

NaOH 1 mol の質量は 40.0 g であるから，NaOH 8.0 g の物質量 $8.0/40.0 = 0.20$ mol である．モル濃度は，溶液 1 l 当りの物質であるから，次のように求めることができる．
$$0.20 \times 1000/200 = 1.0 \ (mol/l)$$

答：4.0 %，1.0 mol/l．

3.3 ホウ酸は，60°Cのとき，水 100 g に 14.9 g 溶かすことができるから，水溶液（100＋14.9）g 中に 14.9 g のホウ酸が溶けている．したがって，溶液 200 g 中のホウ酸は $14.9/114.9 \times 200 = 25.9$ (g)．答：25.9 g．

3.4 60°Cの硝酸ナトリウムの飽和水溶液は，水 100 g に硝酸ナトリウム 124 g が溶けているから，飽和水溶液の質量は 224 g である．これを 20°Cに冷却すると $124 - 88 = 36$ (g) の結晶が析出する．したがって，飽和水溶液 100 g から析出する結晶の質量を x (g) とすると，次の式が成り立つ．
$$x = 36/224 \times 100 = 16.0 \ (g)$$

答：16.1 g．

3.5 本文を参照.

3.6 0.042.

3.7 $(1.0 \times 10^{-13} \text{mol}/l)$.

3.8 〔ヒント〕pH が 2 の塩酸溶液に含まれる H^+ のモル濃度は $[H^+] = 10^{-2} \text{mol}/l$, これを 100 倍に希釈すると $[H^+] = 10^{-4} \text{mol}/l$ となる.

3.9 1) と 2) は本文を参照. 3) $H_2SO_4 + Ca(OH)_2 \rightarrow CaSO_4 + 2 H_2O$. 4) $H_2SO_4 + 2 NaOH \rightarrow Na_2SO_4 + 2 H_2O$. 5) $2 HNO_3 + Ca(OH)_2 \rightarrow Ca(NO_3)_2 + 2 H_2O$.

3.10 硫酸は 2 価の酸で,水酸化ナトリウムは 1 価の塩基であるから,求める硫酸の濃度を x (mol/l) とすると,$ncv = n'c'v'$ の関係式から,次の式が成り立つ. $2 \times x \times 10 = 1 \times 0.10 \times 18$ 求める硫酸の濃度は $x = 0.090$ (mol/l) となる.

3.11 1) 亜鉛板に銅が付着する. $Cu^{2+} + Zn \rightarrow Cu + Zn^{2+}$. 2) 変化なし. 3) 銅板の表面に銀が付着する. $2 Ag^+ + Cu \rightarrow 2 Ag + Cu^{2+}$.

【第 4 章】

4.1 食塩は Na^+ と Cl^- がきちんと並んだ立方体の結晶構造をしている. ガラスは SiO_2 の網目状構造のなかにアルカリ金属やアルカリ土類金属などが部分的に入った構造をしているが,原子・イオンの配列は長距離的秩序をもたず液体に似た構造をしている.

4.2 ケイ砂,ソーダ灰,石灰石を粉砕して混合し,約 1500°C に加熱して溶融後,成形する.

4.3 パイレックスガラスは,軟質ガラスに比べ,軟化温度が高く,線膨張率は小さい. このため,パイレックスガラスは耐熱ガラスとして用いられている. パイレックスガラスと軟質ガラスを加熱してつないでも,線膨張率が異なるために,放冷したとき接続部からひび割れを起こし割れてしまう.

4.4 エステル化(縮重合)

$$HOOC-X-COOH + HO-Y-OH \longrightarrow -(CO-X-COO-Y-O)_n-$$

付加重合

$$X-X \longrightarrow X\cdot \quad \cdot X$$

$$X\cdot + H_2C=CHR \longrightarrow XCH_2-CHR\cdot \xrightarrow{H_2C=CHR} \begin{array}{c} H_2C-CHR\cdot \\ | \\ XCH_2-CHR \end{array} \rightarrow$$

$$XCH_2-(CH_2)_n-CHR\cdot + Y-Z \longrightarrow XCH_2-(CH_2)_n-CHRY$$

4.5 ラップ A には塩素が含まれていないが,B には塩素が含まれている. ラップ B は,ポリ塩化ビニルあるいはポリ塩化ビニリデン製と考えることができる.

4.6 PET はポリエチレンテレフタレート，PVC はポリ塩化ビニル，PS はポリスチレンであることを表す記号．バイルシュタイン試験が陽性なら PVC，酢酸エチルに溶ければ PS，バイルシュタイン試験が陰性で酢酸エチルに溶けなければ PET．

4.7 高分子化合物を通常の方法で合成しても単一の化合物が得られるのではなく，重合度の異なった分離の困難な多くの化合物の混合物として得られる．そこで，高分子化合物の場合には，普通の分子量のさほど大きくない有機化合物の場合とは異なり，分子量は平均分子量で表す．平均分子量 M_{Av} は，単位体積中に存在する分子量 M_i の分子が N_i 個存在すると，$M_{Av}=(\sum M_i N_i)/\sum N_i$ と定義されている．

4.8 メタクリル酸メチルの重合も，アクリル酸ブチルの重合も反応は付加重合である．それなのに重合物の性質が大きく異なるのは，重合度の違いと三次元的な架橋構造も含んだポリマーの構造の違いによるものである．

4.9 略．

4.10 $PbO+C \rightarrow Pb+CO$．

4.11 銅板の表面が酸化銅（CuO）となっていると考えられるから，水素で還元すれば（熱した銅片を水素ガスの入った容器の中に入れる）表面の金属光沢を回復できる．

【第5章】

5.1 $109\times 0.4865+x\times 0.5135=107.9$

$x=106.9$，　質量数は 107　(^{107}Ag)．

5.2　1) $^{10}B+^{4}\alpha \longrightarrow \ ^{13}N+^{1}n$

　　2) $^{30}P \longrightarrow \ ^{30}S+e^-$

　　3) $^{27}Al+^{4}\alpha \longrightarrow \ ^{30}Si+^{1}p$

　　4) $^{14}N+^{1}n \longrightarrow \ ^{14}C+^{1}p$

5.3 α 崩壊数を x 回，β 崩壊数を y 回とする．

$$232-4x=208, \quad 90-2x+y=82$$

$x=6$（α 崩壊），$y=4$（β 崩壊）．

5.4 ウランは地球が生成したときから存在し，ゆっくりと分解していた．分解した量（＝鉛の量）と残っているウラン量が，現在ほぼ同じである．このことは，ウラン鉱床が生成してから ^{238}U の半減期の時間が経過した．すなわち，地球が生成してからほぼ45億年経過したことがいえる．

5.5 $^{238}\text{U} + ^1\text{n} \longrightarrow {}^{239}\text{U}$

$\qquad\qquad\qquad {}^{239}\text{U} \longrightarrow {}^{239}\text{Np} + \text{e}^-$

$\qquad\qquad\qquad\qquad {}^{239}\text{Np} \longrightarrow {}^{239}\text{Pu} + \text{e}^-$

5.6 生体構成アミノ酸は，アラニン，グリシン，アスパラギン酸，バリン，ロイシンの5種である．

【第6章】

6.1 震源までの距離をDとし，地震発生からP波到着までの時間をtとすると
$$D = 5\ (\text{km/s}) \times t\ (\text{秒}) = 3\ (\text{km/s}) \times (t+6)\ (\text{秒})$$
したがって，$t = 9$（秒）となるため，$D = 45$ km．

6.2 地球や月への微惑星の衝突頻度は，時代とともに急減している．したがって，"陸"の部分が"海"よりも古い岩石でできていることが考えられる．実際，アポロ計画によって採集された月の岩石を調べた結果，"陸"のシャチョウ岩は46～38億年，"海"のゲンブ岩は38～29億年という年代を示す．

6.3 1) ゲンブ岩．2) カコウ岩．3) アンザン岩．

6.4 多量のCO_2が発生したことから，この鉱物は炭酸塩鉱物である．たとえば，石灰岩の主要構成鉱物である方解石は$CaCO_3$という化学組成をもち，塩酸と次のように反応してCO_2を発生する．
$$CaCO_3 + 2\ HCl = CaCl_2 + H_2O + CO_2$$
他に可能性のある鉱物として，ドロマイト：$CaMg(CO_3)_2$，マグネサイト：$MgCO_3$などがある．

6.5 カルスト地形や鍾乳洞は石灰岩地域に特徴的であり，石灰岩の主要構成鉱物は方解石である．方解石と地下水との反応は，
$$CaCO_3 + CO_2 + H_2O = Ca(HCO_3)_2$$
で表される．

6.6 海洋地殻は海嶺で形成された塩基性火成岩からなり，それらは2億年以内にすべて海溝に沈み込んでなくなってしまう．したがって大陸地殻に比べて岩石が若く，完全に冷えていないために温かい．そのため等温線の深さが海洋地域で浅く．温度勾配も高温側に位置する．

【第7章】

7.1 反応系の電気的中性の式 $[\text{H}^+] = [\text{HCO}_3^-]$ を，問題に示された式に加え，与えられた平衡定数を代入すると $[\text{H}^+] = 10^{-5.7}$ となる．よってpHが5.7となる．

7.2 与えられた地球の半径，地球面積に対する海の面積の割合から，海の面積を計

算すると $3.82\times10^8 \text{km}^2$ となる．この値で氷の体積を割ると $63.4\,\text{m}$ となる．

7.3 1日当り1260万年となるから，5.4億年前は42.8日前，4000万年前は3.2日前となる．したがってそれぞれ11月19日，12月28日となる．

【第8章】

8.1 1) 対流圏がよく混合するのに対し，成層圏では物質の動きが乏しい．
2) 密度が小さく物質量が少ない．

8.2 $2.59\times10^{15}\times10^3\times(330-295)/330\div\{1.40\times10^{17}\times(44/12)\}=0.536$．54%残っている．

8.3 $0.05\div(25\times7\times1.4\times10^6)=2.0\times10^{-10}=0.2\times10^{-9}$．　0.2 ppb．

8.4 $0.1\times10^{-9}\times3.7\times10^5=3.7\times10^{-5}\text{g}$．

索　　引

ア　行

アボガドロ定数　11
アミノ酸　73
アルカリ金属　6
アルカリ土類金属　6
アルキル水銀　109
アルゴン　95
α崩壊　68
安定同位体　98

硫黄　90
硫黄化合物　100
イオン　10
イオン化傾向　44
イオン反応式　42
異性体　14
引火点　26
隕石　68

宇宙　66
ウラン・ラジウム系列　76

塩　42
塩基　36
炎色反応　62

オキソニウムイオン　39
オゾン層　94,103,112
温室効果　112

カ　行

化学進化　72
化学反応　20
化学反応式　20
化学平衡　20

可逆反応　20
核分裂　69
核融合　69
火山岩　86
火成岩　86
ガラス　49
環境ホルモン　54
還元　27,43
還元炎　25
カンラン岩　89

軌道　7
極性分子　32
銀河系　66
金属　61
金属元素　6

空気　15

ケイ酸　77
ケイ酸塩　77
結合エネルギー　22
結晶　49
結晶系　79
原子価　9
原子質量単位　10
原始大気　72
原子番号　5,8
原子量　4
元素　3

光合成　117
合成ゴム　54
合成樹脂　53
合成繊維　54
鉱物　78

高分子化合物　9,53
黒鉛　21
固溶体　50,81
混合物　3

サ　行

酸　36
酸化　27,43
酸化炎　25
酸性雨　102,111
酸素　95

紫外線　62
指示薬　40
質量数　7
斜長石　81
斜方輝石　80
周期表　4
縮重合　57
純物質　3
触媒　25
親水基　33
深成岩　86
親油基　33

水蒸気　96
彗星　67
水素イオン指数　40
水素イオン濃度　40
水溶液　31
水和　33

生成熱　22
成層圏　94
製錬　63
石英　81

赤外線 62
石灰岩 21
石灰水 19
セラミックス 53
遷移元素 6

タ 行

ダイオキシン 114
ダイオキシン類 54
大気 93
堆積岩 84
太陽系 66
対流圏 94
多形 81
縦波 82
ダニエル電池 46
炭素化合物 99
単量体 54

窒素 94
窒素酸化物 111
中心核 83
中性子 3, 68
中和滴定 42
中和反応 42

DDT 113
鉄 90
電解質 10, 34
典型元素 6
電子 3
電子配置 5
電池 45, 62
電離定数 38
電離度 36
電離平衡 38

同位体 8
トリウム系列 75

ナ 行

二酸化硫黄 103, 109

二酸化炭素 17, 93, 95, 104, 106
ニッケル 90

燃焼熱 23

農薬 110

ハ 行

バイオマス 117
バイルシュタイン試験 56
爆発範囲 26
パーセント濃度 35
ハロゲン元素 6
反応速度 20
反応熱 21

非金属元素 7
PCB 113
非晶質 50
非電解質 34
ヒドロニウムイオン 39
氷河時代 103
氷雪 97
ピリミジン 74

ファインセラミックス 53
付加重合 57
プラスチック 53
プリン 74
不連続面 82
フロン 113
分子 9
分子式 9, 14

平衡定数 20
ヘスの法則 21
β 崩壊 68
変成岩 87

方解石 81
ポリエチレン 54

ポリエチレンテレフタレート 54
ポリ塩化ジベンゾジオキシン 114
ポリ塩化ジベンゾフラン 114
ポリ塩化ビニリデン 54
ポリ塩化ビニル 54
ボルタ電池 45

マ 行

マンガン 105
マンガン電池 46
マントル 83, 89

水 96
水のイオン積 39

メンデレーエフ 4

モル濃度 35

ヤ 行

溶液 31
溶解度 34
溶解度曲線 34
陽子 3, 68
溶質 31
陽電子 69
溶媒 31
横波 82

ラ 行

リサイクル 54

ル・シャトリエ 20

ろうそく 24

ワ 行

惑星 67

	基本化学シリーズ 13	
	物質科学入門	定価はカバーに表示

2000年3月20日 初版第1刷

<table>
<tr><td>著者</td><td>芥川 允元（あくたがわ まさもと）
伊藤 孝（いとう たかし）
我謝 孟俊（がしゃ たけとし）
滝沢 靖臣（たきざわ やすおみ）
角替 敏昭（つのがえ としあき）
長谷川 正（はせがわ ただし）
山本 宏（やまもと ひろし）</td></tr>
<tr><td>発行者</td><td>朝倉 邦造</td></tr>
<tr><td>発行所</td><td>株式会社 朝倉書店
東京都新宿区新小川町6-29
郵便番号 162-8707
電話 03(3260)0141
FAX 03(3260)0180
http://www.asakura.co.jp</td></tr>
</table>

〈検印省略〉

Ⓒ 2000 〈無断複写・転載を禁ず〉　　　　壮光舎・渡辺製本

ISBN 4-254-14603-5　C 3343　　　　Printed in Japan

Ⓡ〈日本複写権センター委託出版物・特別扱い〉
本書の無断複写は，著作権法上での例外を除き，禁じられています．
本書は，日本複写権センターへの特別委託出版物です．本書を複写される場合は，そのつど日本複写権センター（電話03-3401-2382）を通して当社の許諾を得てください．

玉井康勝監修　堀内和夫・桂木悠美子著

例　解　化　学　事　典

14040-1　C3543　　A 5 判　320頁　本体6800円

化学の初歩的なことから高度なことまで，例題を解きながら自然に身につくように構成されたユニークなハンドブック。例題約150のほか図・表をふんだんにとり入れてあるので初学者の入門書として最適。〔内容〕化学の古典法則／物質量(モル)／化学式と化学反応式／原子の構造／化学結合／周期表／気体／溶液と溶解／固体／コロイド／酸，塩基／酸化還元／反応熱と熱化学方程式／反応速度／化学平衡／遷移元素と錯体／無機化合物／有機化合物／天然高分子化合物／合成高分子

埼玉工大 鈴木周一・理科大 向山光昭編

化　学　ハ　ン　ド　ブ　ッ　ク

14042-8　C3043　　A 5 判　1056頁　本体32000円

物理化学から生物工学などの応用分野に至るまで広範な化学の領域を網羅して系統的に解説した集大成。基礎から先端的内容まで，今日の化学が一目でわかるよう簡潔に説明。各項目が独立して理解できる事典的な使い方も出来るよう配慮した。〔内容〕物理化学／有機化学／分析化学／地球化学／放射化学／無機化学・錯体化学／生物化学／高分子化学／有機工業化学／機能性有機材料／有機・無機(複合)材料の合成・物性／医療用高分子材料／工業物理化学／材料化学／応用生物化学

前東工大 今井淑夫・東工大 中井　武・東工大 小川浩平・
東工大 小尾欣一・東工大 柿沼勝已・東工大 脇原将孝監訳

化　学　大　百　科

14045-2　C3543　　B 5 判　1072頁　本体55000円

化学およびその関連分野から基本的かつ重要な化学用語約1300を選び，アメリカ，イギリス，カナダなどの著名化学者により，化学物質の構造，物性，合成法や，歴史，用途など，解りやすく，詳細に解説した五十音配列の事典。Encyclopedia of Chemistry (第 4 版, Van Nostrand社) の翻訳。〔収録分野〕有機化学／無機化学／物理化学／分析化学／電気化学／触媒化学／材料化学／高分子化学／化学工学／医薬品化学／環境化学／鉱物学／バイオテクノロジー／他

くらしき作陽大 馬淵久夫編

元　素　の　事　典

14044-4　C3543　　A 5 判　324頁　本体6800円

水素からアクチノイドまでの各元素を原子番号順に配列し，その各々につき起源・存在・性質・利用を平易に詳述。特に利用では身近な知識から最新の知識までを網羅。「一家庭に一冊，一図書館に三冊」の常備事典。〔特色〕元素名は日・英・独・仏に，今後の学術交流の動向を考慮してロシア語・中国語を加えた。すべての元素に，最新の同位体表と元素の数値的属性をまとめたデータ・ノートを付す。多くの元素にトピックス・コラムを設け，社会的・文化的・学問的な話題を供する

前学習院大 髙本　進・前東大 稲本直樹・
前立教大 中原勝儼・前電通大 山崎　昶編

化　合　物　の　辞　典

14043-6　C3543　　B 5 判　1008頁　本体50000円

工業製品のみならず身のまわりの製品も含めて私達は無機，有機の化合物の世界の中で生活しているといってもよい。そのような状況下で化学を専門としていない人が化合物の知識を必要とするケースも増大している。また研究者でも研究領域が異なると化合物名は知っていてもその物性，用途，毒性などまでは知らないという例も多い。本書はそれらの要望に応えるために，無機化合物，有機化合物，さらに有機試薬を含めて約8000化合物を最新データをもとに詳細に解説した総合辞典

◈ 化学者のための基礎講座 ◈

日本化学会を編集母体とした学部3～4年生向テキスト

元室蘭工大 傳 遠津著
化学者のための基礎講座1
科学英文のスタイルガイド
14583-7 C3343　　A 5 判 192頁 本体3200円

広くサイエンスに学ぶ人が必要とする英文手紙・論文の書き方エッセンスを例文と共に解説した入門書。〔内容〕英文手紙の形式／書き方の基本(礼状・お見舞い・注文等)／各種手紙の実際／論文・レポートの書き方／上手な発表の仕方等

千葉大 小倉克之著
化学者のための基礎講座9
有 機 人 名 反 応
14591-8 C3343　　A 5 判 216頁 本体3500円

発見者・発明者の名前がすでについているものに限ることなく，有機合成を考える上で基礎となる反応および実際に有機合成を行う場合に役立つ反応約250種について，その反応機構，実際例などを解説

東大 渡辺 正・埼玉大 中林誠一郎著
化学者のための基礎講座11
電 子 移 動 の 化 学
14593-4 C3343　　A 5 判 200頁 本体3200円

電子のやりとりを通して進む多くの化学現象を平易に解説。〔内容〕エネルギーと化学平衡／標準電極電位／ネルンストの式／光と電気化学／光合成／化学反応／電極反応／活性化エネルギー／分子・イオンの流れ／表面反応

大場 茂・矢野重信編著
化学者のための基礎講座12
X 線 構 造 解 析
14594-2 C3343　　A 5 判 184頁 本体3000円

低分子～高分子化合物の構造決定の手段としてのX線構造解析について基礎から実際を解説。〔内容〕X線構造解析の基礎知識／有機化合物や金属錯体の構造解析／タンパク質のX線構造解析／トラブルシューティング／CIFファイル／付録

◈ 入門分析化学シリーズ ◈

分析化学会を編集母体とした学部2～3年生向テキスト

日本分析化学会編
入門分析化学シリーズ
定 量 分 析
14561-6 C3343　　B 5 判 144頁 本体2900円

容量分析と重量分析について教科書的に解説。〔内容〕沈殿の生成と処理／滴定／酸・塩基／緩衝液／標準試薬／指示薬／中和滴定／沈殿滴定／酸化還元滴定／キレート滴定／ジアゾ化滴定／電位差滴定／電量滴定／カールフィッシャー法

日本分析化学会編
入門分析化学シリーズ
機器分析におけるコンピュータ利用
14562-4 C3343　　B 5 判 144頁 本体3400円

機器を用いた実験を行う際必要不可欠なコンピュータやエレクトロニクスについて解説。〔内容〕集積回路／コンピュータの種類・仕組み／ソフトウェア／機器(紫外・可視，蛍光・りん光，クロマトグラフ，NMR・ESR，他)への応用

日本分析化学会編
入門分析化学シリーズ
機 器 分 析 (1)
14563-2 C3343　　B 5 判 144頁 本体3200円

代表的な13の機器分析について解説。〔内容〕原子吸光・蛍光／原子発光／X線分光／放射化分析／イオン選択性電極／ボルタンメトリー／紫外・可視／蛍光・りん光／円偏光／赤外・ラマン／NMR／ESR／質量分析

日本分析化学会編
入門分析化学シリーズ
分 離 分 析
14565-9 C3343　　B 5 判 136頁 本体3500円

化学の基本ともいえる物質の分離について平易に解説。〔内容〕分離とは／化学平衡／反応速度／溶媒の物性と溶質・溶媒相互作用／汎用試薬／溶媒抽出法／イオン交換分離法／クロマトグラフィー／膜分離／起泡分離／吸着体による分離・濃縮

基本化学シリーズ

A5判全14巻
代表 山田和俊

第1巻 「有機化学」 168頁 本体2700円
化学結合と分子／アルカン／アルケンおよびアルキン／ハロゲン化アルキル／立体化学／アルコールおよびフェノール／アルデヒト，ケトン，カルボン酸とその誘導体／カルボニル化合物の反応／芳香族化合物とその反応／アミン／複素環化合物／アミノ酸，タンパク質および酵素／天然物有機化合物／化学文献の利用

第2巻 「構造解析学」 200頁 本体3200円
紫外‐可視分光法（吸収と発光）／赤外分光法／プロトン核磁気共鳴分光法／炭素‐13核磁気共鳴分光法／二次元核磁気共鳴分光法／質量分析法／X線結晶解析／総合演習問題

第3巻 「基礎高分子化学」 200頁 本体3200円
高分子の概要／合成高分子の生成／高分子の反応／高分子の構造／高分子溶液の性質／高分子の力学的性質／高分子の応用

第4巻 「基礎物性物理」 144頁 本体2400円
序論／数学基礎／力学の基礎概念／統計力学の基礎概念／エネルギー量子の発見／物質の波動性と不確定性／波動関数とシュレディンガー方程式／原子の構造／量子力学における近似法の基礎／分子の化学結合と結晶中の電子／量子物性の最近の話題

第5巻 「固体物性入門」 148頁 本体2500円
固体物性ことはじめ／試料の精製／測定用試料の作成法／試料の同定および純度決定／固体の構造／結晶構造の解析／固体の光学的性質／電気伝導Ⅰ／電気伝導Ⅱ／電気伝導Ⅲ／不純物半導体／超伝導／薄膜／相転移

第6巻 「物理化学」 148頁 本体2700円
物理化学とは／理想気体／実在気体／熱力学第一法則／エントロピーと熱力学第二，第三法則／自由エネルギー／相平衡／イオンを含む平衡／電気化学／反応速度

第7巻 「基礎分析化学」 208頁 本体3500円
分析化学の基礎知識／容量分析／重量分析／液-液抽出／イオン交換／クロマトグラフィー／光分析法／電気化学分析法

第8巻 「基礎量子化学」 152頁 本体2800円
原子軌道／水素分子イオン／多電子系の波動関数／変分法と摂動法／分子軌道法／ヒュッケル分子軌道法／軌道の対称性と相関図

第9巻 「基礎無機化学」 216頁 本体3600円
元素発見の歴史／原子の姿／元素の分類／元素各論／原子核，同位体，原子力発電／化学結合／固体

第10巻 「有機合成化学」 192頁 本体3200円
炭素鎖の形成／芳香族化合物の合成／官能基導入反応の化学／官能基の変換／有機金属化合物を利用する合成／炭素カチオンを経由する合成／非イオン性反応による合成／選択合成／生体機能関連化学と有機合成／レトロ合成

第11巻 「産業社会の進展と化学」 168頁 本体2800円
序論／産業の変化と化学／化学産業と化学技術／社会生活を支える化学技術／環境との調和と新エネルギー／新しい産業社会を拓く化学

第12巻 「結晶化学入門」 192頁 本体3200円
いろいろな結晶を眺める／結晶構造と対称性／X線を使って結晶を調べる／粉末X線回折法の応用／結晶成長／格子欠陥／結晶に関する各種データの利用法

第13巻 「物質科学入門」 148頁
物質の構成／物質の変化／水溶液とイオン／身の回りの物質／化学進化／地球を構成する物質／地球をめぐる物質／物質と地球環境

第14巻 「有機化学入門」 （続　刊）

上記価格（税別）は2000年2月現在

主 な 元 素

元素名	英語名	元素記号	原子番号	原子量
亜鉛	zinc	Zn	30	65.39
アルゴン	argon	Ar	18	39.95
アルミニウム	aluminium	Al	13	26.98
アンチモン	antimony	Sb	51	121.76
硫黄	sulfur	S	16	32.07
イットリウム	yttrium	Y	39	88.91
イリジウム	iridium	Ir	77	192.2
インジウム	indium	In	49	114.8
ウラン	uranium	U	92	238.0
塩素	chlorine	Cl	17	35.45
オスミウム	osmium	Os	76	190.2
カドミウム	cadmium	Cd	48	112.4
カリウム	potassium	K	19	39.10
ガリウム	gallium	Ga	31	69.72
カルシウム	calcium	Ca	20	40.08
キセノン	xenon	Xe	54	131.3
金	gold	Au	79	197.0
銀	silver	Ag	47	107.9
クリプトン	krypton	Kr	36	83.80
クロム	chromium	Cr	24	52.00
ケイ素	silicon	Si	14	28.09
ゲルマニウム	germanium	Ge	32	72.61
コバルト	cobalt	Co	27	58.93
サマリウム	samarium	Sm	62	150.4
酸素	oxygen	O	8	15.999
臭素	bromine	Br	35	79.90
ジルコニウム	zirconium	Zr	40	91.22
水銀	mercury	Hg	80	200.6
水素	hydrogen	H	1	1.0079
スカンジウム	scandium	Sc	21	44.96
スズ	tin	Sn	50	118.7
ストロンチウム	strontium	Sr	38	87.62
セシウム	caesium	Cs	55	132.9
セリウム	cerium	Ce	58	140.1
セレン	selenium	Se	34	78.96
タングステン	tungsten	W	74	183.8

IUPAC原子量委員会で承認された原子量をもとに作成.